# 土木工程测量实验与实习指导教程

张　豪　主编

中国建筑工业出版社

图书在版编目（CIP）数据

土木工程测量实验与实习指导教程/张豪主编.—北京：中国建筑工业出版社，2018.12（2025.2重印）

ISBN 978-7-112-23041-9

Ⅰ.①土… Ⅱ.①张… Ⅲ.①土木工程-工程测量-实验-高等学校-教学参考资料 Ⅳ.①TU198-33

中国版本图书馆 CIP 数据核字（2018）第 274905 号

　　土木工程测量学是土木工程专业及相关专业必修的一门专业基础课。在土木工程测量学课程的教学体系中，实验与实习教学环节是整个教学过程中必不可少的一部分，它起着巩固课堂知识，理论联系实际的作用。本教材分为三个部分，第一部分为测量实习须知。第二部分以土木工程测量学教学大纲为基础，系统介绍了测量实验和实习中的基本理论知识、实验目的、实验仪器、实验内容、实验步骤、注意事项等，并给出了用于记录的标准表格，并附有课后习题，能够较好地帮助学生理解实验内容和巩固实验效果。第三部分为测量集中实习，列出了集中实习时应进行的有关测量工作项目，便于实验实习更统一规范。本教材可作为高等学校土建、市政、规划、交通、港航等专业的测量学配套教材，供课堂教学和实验实习使用。也可用于电大、职大、函大、自学考试及各类培训班的教学，以及相关的设计、技术人员的参考书。

责任编辑：石枫华　张　健　王　磊
责任校对：焦　乐

## 土木工程测量实验与实习指导教程
张　豪　主编

*

中国建筑工业出版社出版、发行（北京海淀三里河路9号）

各地新华书店、建筑书店经销

北京佳捷真科技发展有限公司制版

建工社（河北）印刷有限公司印刷

*

开本：787×1092毫米　1/16　印张：11¾　字数：290千字

2018年12月第一版　2025年2月第三次印刷

定价：**42.00**元

ISBN 978-7-112-23041-9

(33105)

# 本书编者名单

主　编　张　豪（浙江工业大学）

副主编　陈竹安（东华理工大学）
　　　　罗亦泳（东华理工大学）

参　编　许四法（浙江工业大学）
　　　　夏才安（浙江工业大学）
　　　　陈　韵（浙江工业大学）
　　　　史美生（浙江工业大学）
　　　　彭晓婷（浙江工业大学）
　　　　叶　亮（浙江工业大学）
　　　　谢明君（浙江工业大学）
　　　　钱　超（浙江工业大学）
　　　　张利莎（浙江工业大学）

# 前　言

　　土木工程测量学是土木工程专业最具基础性、综合性的一门学科。土木工程测量学教学中实践教学环节在与测量学相关课程理论教学中不可或缺，是理论联系实际的重要部分。它可以培养学生的动手能力，增加学生对测量仪器操作和测量实施的感性认识，同时，它在培养学生严谨的治学态度、活跃的创新意识、理论联系实际和适应科技发展的综合应用能力等方面具有不可替代的作用。编写本书的目的在于培养学生的基本测量技能，提高学生的动手能力，使学生初步掌握测量工作的实际操作和实施方法，培养学生的科学思维和创新意识，使学生掌握实验研究的基本方法，提高学生的分析能力和创新能力，借此提高学生的科学素养，培养学生理论联系实际和实事求是的科学作风、认真严谨的科学态度、积极主动的探索精神，以及遵守纪律、团结协作、爱护公共财产的优良品德。

　　本书是在作者多年从事土木工程测量与科研实践基础上编写而成。全书按照实践教学环节的需要，逐个实验进行编写，包含了土木工程测量学教学中所涉及的绝大部分实验操作。同时，为了满足集中实习的需要，对测量学的集中实习还编写了集中实习指导。本书可以作为本科、专科测绘工程及相关专业测量学或者相近课程的实践教学用书或者实践参考用书。

# 目　　录

# 第一部分 测量实习须知

## 一、测量实习规定

（1）在测量实验之前，应复习教材中的有关内容，认真仔细地预习实验或实验指导书。明确实验目的与要求、熟悉实验步骤、注意有关事项，并准备好所需文具用品，以保证按时完成实验任务。

（2）实验分小组进行，组长负责组织协调工作，办理所用仪器工具的借领和归还手续。

（3）实验应在规定的时间进行。不得无故缺席或迟到早退，应在指定的场地进行，不得擅自改变地点或离开现场。

（4）服从教师的指导，每个人都必须认真、仔细地操作，培养独立工作能力和严谨的科学态度，同时要发扬互相协作精神。每项实验都应取得合格的成果并提交书写工整规范的实验报告，经指导教师审阅签字后，方可交还测量仪器和工具，结束实验。

（5）实验过程中，应遵守纪律，爱护现场的花草、树木和农作物，爱护周围的各种公共设施，任意砍伐、踩踏或损坏者应予赔偿。

## 二、测量仪器工具的借领与使用规则

对测量仪器工具的正确使用、精心爱护和科学保养，是测量人员必须具备的素质和应该掌握的技能，也是保证测量成果质量、提高测量工作效率和延长仪器工具使用寿命的必要条件。在仪器工具的借领与使用中，必须严格遵守下列规定：

### 1. 仪器工具的借领

（1）以小组为单位领取仪器工具。

（2）借领时应该当场清点检查。仪器工具及其附件是否齐全，背带及提手是否牢固，脚架是否完好等。如有缺损，可以补领或更换。

（3）离开借领地点之前，必须锁好仪器箱并捆扎好各种工具；搬运仪器工具时，必须轻取轻放，避免剧烈震动。

（4）借出仪器工具之后，不得与其他小组擅自调换或转借。

（5）实验结束，应及时收装仪器工具，送还借领处检查验收，消除借领手续。如有遗失或损坏，应写出书面报告说明情况，并按有关规定给予赔偿。

### 2. 仪器的安装

（1）在三脚架安置稳妥后，方可打开仪器箱。开箱前应将仪器箱放在平稳处，严禁托在手上或抱在怀里。

（2）打开仪器箱后，要看清并记住仪器在箱中的安放位置，避免以后装箱困难。

（3）提取仪器之前，应先松开制动螺旋，再用双手握住支架或基座轻轻取出仪器，放在三脚架上，保持一手握住仪器，一手去拧连接螺旋，最后旋紧连接螺旋使仪器与脚架连接牢固。

（4）装好仪器后，注意随即关闭仪器箱盖，防止灰尘和湿气进入箱内。严禁坐在仪器箱上。

### 3. 仪器的使用

（1）仪器安置后，不论是否操作，必须有人看护，防止无关人员搬弄或行人车辆碰撞。

（2）在打开物镜盖时或在观测过程中，如发现灰尘，可用镜头纸或软毛刷轻轻拂去，严禁用手指或手帕等物擦拭，以免损坏镜头上的镀膜。

（3）转动仪器时，应先松开制动螺旋，再平稳转动。使用微动螺旋时，应先旋紧制动螺旋。

（4）制动螺旋应松紧适度，微动螺旋和脚螺旋不要旋到顶端，使用各种螺旋都应均匀用力，以免损伤螺纹。

（5）在仪器发生故障时，应及时向指导教师报告，不得擅自处理。

### 4. 仪器的搬运

（1）在行走不便的地区迁站或远距离迁站时，必须将仪器装箱后再搬迁。

（2）短距离迁站时，可将仪器连同脚架一起搬迁，其方法是：先取下垂球，检查并旋紧仪器连接螺旋，松开各制动螺旋使仪器保持初始位置（经纬仪望远镜物镜对向度盘中心，水准仪物镜向后）；再收拢三脚架，左手握住仪器基座或支架放在胸前，右手抱住脚架放在肋下，稳步行走。严禁斜扛仪器，以防碰摔。

（3）搬迁时，小组其他人员应协助观测员带走仪器箱和有关工具。

### 5. 仪器的装箱

（1）每次使用仪器后，应及时清除仪器上的灰尘及脚架上的泥土。

（2）仪器拆卸时，应先将仪器脚螺旋调至大致同高的位置，再一手扶住仪器，一手松开连接螺旋，双手取下仪器。

（3）仪器装箱时，应先松开各制动螺旋，使仪器就位正确，试关箱盖确认妥后，关箱上锁。若合不上箱口，切不可强压箱盖，以防压坏仪器。

（4）清点所有部件和工具，防止遗失。

### 6. 测量工具的使用

（1）钢尺的使用，应防止扭曲、打结和折断，防止行人踩踏或车辆碾压，尽量避免尺身着水。携尺前进时，应将尺身提起，不得沿地面拖行，以防损坏刻划。用完钢尺，应擦净、涂油，以防生锈。

（2）皮尺的使用，应均匀用力拉伸，避免着水、车压。如果皮尺受潮，应及时晾干。

（3）各种标尺、花杆的使用，应注意防水防潮、防止受横向压力，不能磨损尺面刻划和漆皮，不用时安放稳妥。

（4）小件工具如垂球、测钎、尺垫等的使用，应用完即收，防止遗失。

（5）一切测量工具都应保持清洁，专人保管搬运，不能随意放置，更不能作为捆扎、抬担的他用工具。

### 三、测量记录与计算规则

测量手簿是外业观测成果的记录和内业数据处理的依据。在测量手簿上记录或计算时，必须严肃认真一丝不苟，严格遵守下列规则：

（1）在测量手簿上书写之前，应准备好硬性（2H 或 3H）铅笔，同时熟悉表上各项内容及填写、计算方法。

（2）记录观测数据之前，应将表头的仪器型号编号、日期、天气、测站、观测者及记录者姓名等无一遗漏地填写齐全。

（3）观测者读数后，记录者应随即在测量手簿上的相应栏内填写，并复诵回报以资检核。不得另纸记录事后转抄。

（4）记录时要求字体端正清晰、数位对齐、数字齐全。字体的大小一般占格宽的 1/2~1/3，字脚靠近底线；表示精度或占位的"0"（例如水准尺读数 1500 或 0234，度盘读数 93°04′00″中的"0"）均不能省略。

（5）观测数据的尾数不得更改，读错或记错后必须重测重记。例如，角度测量时，秒级数字出错，应重测该测回；水准测量时，毫米级数字出错，应重测该测站。

（6）观测数据的前几位若出错时，应用细横线划去错误的数字，并在原数字上方写出正确的数字。注意不得涂擦已记录的数据。禁止连续更改数字，例如：水准测量中的黑、红面读数，角度测量中的盘左、盘右，距离丈量中的往、返测等，均不能同时更改，否则重测。

（7）记录数据修改后或观测成果废去后，都应在备注栏内写明原因（如测错、记错或超限等）。

（8）每站观测结束后，必须在现场完成规定的计算和检核，确认无误后，方可迁站。

（9）数据运算应根据所取位数，按"4 舍 6 入，5 前单进双舍"的规则进行凑整。例如，对 1.4244m，1.4236m，1.4235m，1.4245m 这几个数据，若取至毫米位，则均应记为 1.424m。

（10）应该保持测量手簿的整洁，严禁在手簿上书写无关的内容，更不得丢失手簿。

（11）每测站观测结束，应在现场完成计算和检核，确认合格后方可进行迁站。实验结束后，应按照规定每人或每组提交一份记录手簿或实验报告。

# 第二部分　测量实验

## 实验一　光学水准仪的认识及使用

### 一、实验目的

（1）认识 DS3 微倾式水准仪的基本构造，各操作部件的名称和作用，并熟悉使用方法。

（2）掌握 DS3 水准仪的安置、瞄准和读数方法。

### 二、实验仪器

DS3 微倾式水准仪 1 台、水准尺 1 对、尺垫 2 个、测伞一把。

### 三、实验方法与步骤

#### 1. DS3 微倾式水准仪的基本构造

水准仪是由望远镜、水准器和基座 3 部分组成。图 2-1-1 是我国生产的 DS3 级水准仪，图 2-1-2 是其实物图。

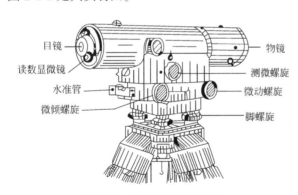

目镜　　　　　　　　物镜
读数显微镜　　　　　测微螺旋
水准管　　　　　　　微动螺旋
微倾螺旋　　　　　　脚螺旋

图 2-1-1　DS3 微倾式水准仪

图 2-1-2　DS3 微倾式水准仪实物图

#### 2. 水准仪使用方法

水准仪的使用包括水准仪的安置、粗平、瞄准、精平、读数五个步骤。

（1）安置

安置是将仪器安装在可以伸缩的三脚架上并置于两观测点之间。首先打开三脚架并使高度适中，用目估法使架头大致水平并检查脚架是否牢固，然后打开仪器箱，让水准仪先预热到与环境温度差不多时才能使用（这样是为了防止夏冬季节仪器的热胀冷缩而引起的

4

误差），然后用连接螺旋将水准仪器连接在三脚架上。

（2）粗平

粗平是使仪器的视线粗略水平，利用脚螺旋置圆水准气泡居于圆指标圈之中。在整平过程中，气泡移动的方向与大拇指运动的方向一致，如图2-1-3所示。

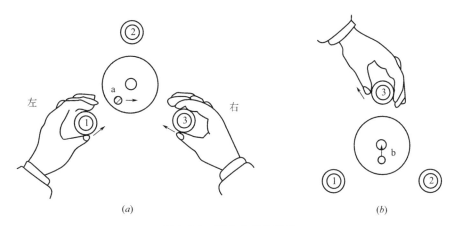

图 2-1-3　圆水准气泡整平

（3）瞄准

瞄准是用望远镜准确地瞄准目标。首先是把望远镜对向远处明亮的背景，转动目镜调焦螺旋，使十字丝最清晰。再松开固定螺旋，旋转望远镜，使照门和准星的连接对准水准尺，拧紧固定螺旋。最后转动物镜对光螺旋，使水准尺的像清晰地落在十字丝平面上，再转动微动螺旋，使水准尺的像靠于十字竖丝的一侧，以便读数。

（4）精平

精平是使望远镜的视线精确水平。微倾水准仪，在水准管上部装有一组棱镜，可将水准管气泡两端，折射到镜管旁的符合水准观察窗内，若气泡居中时，气泡两端的象将符合成一抛物线形，说明视线水平。若气泡两端的象不相符合，说明视线不水平。这时可用右手转动微倾螺旋使气泡两端的象完全符合。

（5）读数

用十字丝，截读水准尺上的读数。水准仪多是倒像望远镜，读数时应由上而下进行。先估读毫米级读数，后报出全部读数。注意，水准仪使用步骤一定要按上面顺序进行，不能颠倒，特别是读数前的符合水泡调整，一定要在读数前进行。

注意：自动安平水准仪没有水准管和微倾螺旋。利用圆水准器粗平后，借助自动补偿器的作用可迅速获得水平视线的读数。操作简便，可防止微倾式水准仪在操作中忘记精平的失误。自动安平水准仪无制动螺旋，靠摩擦制动，操作过程与 DS3 微倾式水准仪大致相同，无需精平。

**3. 实习步骤**

本实验采用一测站水准测量实验，在地面选定两点分别作为后视点和前视点，放上尺垫并立尺，在距两尺距离大致相等处安置水准仪，粗平，瞄准后读数；再瞄准前视尺，精平后读数。之后变换仪器高度再次进行观测。

## 四、技术要求

（1）两次观测仪器高变化幅度应大于 10cm。

（2）两次观测高差之差应小于 5mm。（两次所得高差不得超过 ±6mm）。

## 五、注意事项

水准测量的误差对高程的影响很大，了解误差的性质及其对成果的影响是很有必要的；特别是系统性误差，虽然对单个测站来说微不足道，但累计的结果却是不可忽视的。在整个测量过程中，只要有一个测站出错，就会导致整个测段内的成果不合格。要做到每个测站都正确无误，测量人员必须紧密配合，认真细致地做好扶尺、观测、记录、计算等每一项工作。现将水准测量注意事项列下：

（1）扶尺"四要"

① 尺子要检查：测量前要检查标尺刻划是否准确，塔尺衔接是否严密，测量过程中要随时检查尺底或尺垫是否粘有泥土。

② 转点要牢靠：转点最好用尺垫，或者选择坚硬稳固而又有凸棱的石头上，保证转点在两个测站的前后视中不改变位置。

③ 扶尺要检查：塔尺如有横向倾斜，观测者易于发现可指挥立直；如前后倾斜则不易发现，会造成读数偏大。故扶尺者身体要站直，如尺上有水准器时要检查使气泡居中。

④ 要用同一的尺：由于塔尺底部的磨损或包铁松动，将会使尺底部零点位置不准，为消除其影响，在同一测段要用同一个尺。且测站数为偶数。

（2）观测"六要"

① 仪器要检校：测量前要把仪器校正好，使各轴线间满足应有的几何条件。

② 仪器要安稳：中心螺旋连接要稳固可靠，松紧适当，架腿要踩实，观测者不得扶压或骑跨架腿，观测过程中不得碰动仪器。

③ 前、后视要等长：前、后视等长的水准测量，可以消除 $i$ 角误差以及地球曲率的影响，如果地面坡度不大还可消除大气折光的影响。普通水准测量最大视线长度不得大于 150m，视线不要靠近地面，最小读数要大于 0.3m。

④ 视线要水平：使用微倾式水准仪度数前气泡要符合，为避免匆忙读数之差错，读数前后均应检查气泡是否符合。烈日下要打伞。

⑤ 读数要准确：读数前要消除视差，要认准横丝，要认清标尺刻划特点，每次读数最好读两次。

⑥ 迁站要慎重：未读前视读数时不得匆忙搬动仪器，以免使水准路线中间"脱节"，造成返工；中途休息时，应将前视点选择在容易寻找的地方，并作好标志，并做记录，以便下次续测。

（3）记录"四要"

① 要复诵：读数列入记录时要边记边复诵；避免听错记错。如观测者兼作记录时，记完后可再看一下读数，以资复核。

② 记录要清楚：按规定格式填写，字迹要端正，点号要记清，前后视读数不得遗漏，不得颠倒。

③ 要原始记录：要在现场用硬铅笔（HB）填写在记录簿中，不得誊抄，以免转抄错误。记录错误时，不得用橡皮擦改，要在错误数字处画一横线，并将正确数字写在上方。

④ 计算要复核：记录者要及时根据读数计算出高差，记入记录簿并作计算的检验，再由另一人复核。记录簿要将记录、计算者签名齐全，以明确责任。

## 六、实习上交成果

（1）实验报告。

（2）水准测量记录表（表2-1-1）。

## 七、思考题

（1）水准测量的基本原理是什么？

（2）高程测量的主要方法有哪几种？一般来说，何种测量方法的精度最高？

（3）什么叫水准点？它有什么作用？

（4）我国的高程系统采用什么作为起算基准面？

（5）什么叫后视点、后视读数？什么叫前视点、前视读数？高差的正负号是怎样确定的？

水准测量记录表                                         表 2-1-1

日期：_____年_____月_____日　天气：_____　仪器编号：_____

观测者：_____　记录者：_____

| 测站 | 状态 | 后视读数（mm） | 前视读数（mm） | 高差（m） | 高差之差（m） | 备注 |
|---|---|---|---|---|---|---|
| 示例 | 仪器变高前 | ~~1936~~ 1937① | 1633② | 0.304③=（①-②)/1000 | -0.004⑦=（⑥-③） | |
| | 仪器变高后 | 2137④ | 1837⑤ | 0.300⑥=（④-⑤)/1000 | | |
| | 仪器变高前 | | | | | |
| | 仪器变高后 | | | | | |
| | 仪器变高前 | | | | | |
| | 仪器变高后 | | | | | |
| | 仪器变高前 | | | | | |
| | 仪器变高后 | | | | | |
| | 仪器变高前 | | | | | |
| | 仪器变高后 | | | | | |
| | 仪器变高前 | | | | | |
| | 仪器变高后 | | | | | |
| | 仪器变高前 | | | | | |
| | 仪器变高后 | | | | | |
| | 仪器变高前 | | | | | |
| | 仪器变高后 | | | | | |

# 实验二 普通水准测量

## 一、实验目的

（1）练习普通水准测量的测量、记录和计算。

（2）掌握普通水准测量的闭合差调整及高程计算的方法。

## 二、实验仪器

DS3 微倾式水准仪 1 台、水准尺 1 对、尺垫 2 个、记录板 1 块、测伞 1 把、水准记录手簿 1 本、2H 铅笔 1 支。

## 三、实验方法与步骤

### 1. 实验方法

水准测量的原理是利用水准仪提供的"水平视线"，测量两点间高差，从而由已知点高程推算出未知点高程。

（1）选定一条水准路线，估计各个转点的位置，确定起始点和水准路线的前进方向。

（2）当预测的高程点距水准点较远或高差很大时，就需要连续多次安置仪器以测出两点的高差。

（3）根据已知点高程及各测站的观测高差，计算水准路线的高差闭合差，并检查是否超限。对闭合差进行配赋，推算各待定点的高程（要点：等外水准测量精度 $\pm 40\sqrt{L}$ mm 或者 $\pm 12\sqrt{N}$ mm，超限应重测。同一测站两次所测得高差应小于 5mm。闭合差按照路线距离或者测站数配赋）。

### 2. 实验步骤

（1）在地面选定 B、C、D 三个坚固点作为待定高程点（自行选择），BM-A 为已知高程点，由教师提供，其高程值假定为 100.000m。安置仪器于点 A 和点 B 之间，目估前、后视距离大致相等，进行粗略整平和目镜对光。测站编号为 1。

（2）后视 A 点上的水准尺，精平后读取后视读数，记入手簿。

（3）前视 B 点上的水准尺，精平后读取前视读数，记入手簿。

（4）升高（或降低）仪器 10cm 以上，重复步骤（2）、步骤（3）。

（5）计算高差

变仪高两次测得的高差较差应小于 6mm，方可以其平均值作为本站高差。

（6）迁站

沿选定的路线，将仪器迁至 B 和 C 之间。仍按第 1 站上施测的方法，后视 B，前视点 C，依次连续设站，经过点 C 和点 D 连续观测，最后仍回至点 BM-A。

（7）计算检核：后视读数之和减前视读数之和应等于高差之和，也等于平均高差之和的二倍。

（8）高差闭合差的计算与调整。

（9）计算待定点高程：根据已知高程点 BM-A 的高程和各点间改正后的高差计算 B、C、D、A 四个点的高程，最后算得的 A 点高程应与已知值相等，以资校核。

## 四、技术要求

（1）视线长度应小于 100 m。

（2）高差容许闭合差 $\pm 12\sqrt{N}$ mm（$N$ 为测站数）。

## 五、注意事项

（1）在测站上，观测员按上一个测站上的操作程序进行观测，即：安置—粗平—瞄准后视尺—精平—读数—瞄准前视尺—精平—读数。观测员读数后，记录员必须向观测员回报，经观测员默许后方可记入记录手簿，并立即计算高差。

（2）同一测站，只能用脚螺旋整平圆水准器气泡居中一次（该测站返工重测应重新整平圆水准器）。

（3）在每次读数之前，应使水准管气泡严格居中，并消除视差。

（4）应使前、后视距离大致相等。

（5）在已知高程点和待定高程点上不能放置尺垫。转点用尺垫时，应将水准尺置于尺垫半圆球的顶点上。

（6）尺垫应踏入土中或置于坚固地面上，在观测过程中不得碰动仪器或尺垫，迁站时应保护前视尺垫不得移动。

（7）水准尺必须扶直，不得前、后倾斜。

## 六、实习上交成果

（1）实验报告。

（2）闭合水准测量记录表（表 2-2-1）。

## 七、思考题

（1）在进行水准测量时，观测者应注意哪些事项？为什么？

（2）在一个测站上的水准记录、计算及检验工作应如何进行？

（3）由下表列出水准点 A 到水准点 B 的水准测量观测成果，试计算高差、高程并作较核计算，绘图表示其地面起伏变化。

| 测点 | 水准尺读数（m） | | | 高差（m） | | 仪器高（m） | 高程（m） | 备注 |
| --- | --- | --- | --- | --- | --- | --- | --- | --- |
| | 后视 | 中视 | 后视 | + | − | | | |
| 水准点 A | 1.691 | | | | | | 514.786 | |
| 1 | 1.305 | | 1.985 | | | | | |
| 2 | 0.677 | | 1.419 | | | | | |

续表

| 测点 | 水准尺读数（m） | | | 高差（m） | | 仪器高（m） | 高程（m） | 备注 |
|---|---|---|---|---|---|---|---|---|
| | 后视 | 中视 | 后视 | + | − | | | |
| 3 | 1.978 | | 1.763 | | | | | |
| 水准点 B | | | 2.314 | | | | | |
| 计算校核 | | | | | | | | |

（4）已知水准点 1 的高程为 471.251m，由水准点 1 到水准点 2 的施测过程及读数入下图所示，试填写记录表格并计算水准点 2 的高程。

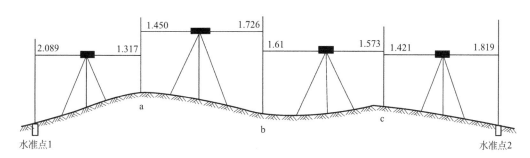

## 闭合水准测量记录表　　　　　　　　　　　表 2-2-1

日期：_____年_____月_____日　天气：_____　仪器编号：_____

观测者：_____　记录者：_____

| 测站 | 测点 | 水准尺读数(mm) | | 测站 | 高差(m) | 平均高差(m) | 高差改正数(m) | 改正后高差(m) | 高程(m) |
|---|---|---|---|---|---|---|---|---|---|
| | | 后视(a) | 前视(b) | | | | | | |
| 示例 | A | ~~1936~~<br>1937① | 1633② | 1 | 0.304⑤=(①-②)/1000 | 0.303⑦=(⑤+⑥)/2 | | | |
| | B | 1839③ | 1537④ | | 0.302⑥=(③-④)/1000 | | | | |
| 1 | A | | — | | | | | | 100 |
| | B | — | | | | | | | |
| 2 | B | | — | | | | | | |
| | C | — | | | | | | | |
| 3 | C | | — | | | | | | |
| | D | — | | | | | | | |
| 4 | D | | — | | | | | | |
| | A | — | | | | | | | |
| 检核计算 | Σ | | | | | | | | |
| 辅助计算 | | $f_h = \sum h =$ 　　，高差闭合差的容许值为：$f_{h容} = \sqrt{n} \pm 12 =$ 成果精度校核： | | | | | | | |

# 实验三　四等水准测量

## 一、实验目的

（1）掌握四等水准测量的观测、记录、计算方法。
（2）熟悉四等水准测量的主要技术指标，掌握测站及水准路线的检核方法。

## 二、实验仪器

DS3 微倾式水准仪 1 台、双面水准尺 1 对、尺垫 2 个、记录板 1 块、测伞 1 把、水准记录手簿 1 本、2H 铅笔 1 支。

## 三、实验方法与步骤

（1）由实习指导老师指定一已知水准点，选定一条闭合水准路线。一人观测、一人记录、两人立尺，施测 2 个测站后应轮换工种。
（2）三、四等水准测量的观测应该在通视良好、成像清晰稳定的情况下进行。
（3）技术要求

国家水准网布设成一等、二等、三等、四等 4 个等级。现用的水准测量规范为：《国家一、二等水准测量规范》GB/T 12897—2006 与《国家三、四等水准测量规范》GB/T 12898—2009。工程上常用的水准测量为：三、四等水准测量；等外水准测量。三、四等水准测量主要技术要求见表 2-3-1、表 2-3-2。

三、四等水准测量线路主要技术规定及容许误差　表 2-3-1

| 等级 | 路线长度（km） | 水准仪 | 水准尺 | 观测次数 | | 往返较差、附合或环线闭合差 | |
| | | | | 与已知点联测 | 附合或环线 | 平地（mm） | 山地（mm） |
|---|---|---|---|---|---|---|---|
| 三 | ≤50 | DS1 | 钢瓦尺 | 往返各一次 | 往一次 | ±12 | ±4 |
| | | DS3 | 双面尺 | | 往返各一次 | | |
| 四 | ≤16 | DS3 | 双面尺 | 往返一次 | 往一次 | ±20 | ±6 |

三、四等水准测量规范　表 2-3-2

| 等级 | 水准仪 | 视线长度（m） | 前后视距差（m） | 前后视距累计差（m） | 视线高度 | 黑面、红面读数之差（mm） | 黑面、红面所测得高差之差（mm） |
|---|---|---|---|---|---|---|---|
| 三 | DS1 | 100 | 3 | 6 | 三丝能读数 | 1.0 | 1.5 |
| | DS3 | 75 | | | | 2.0 | 3.0 |
| 四 | DS3 | 100 | 5 | 10 | 三丝能读数 | 3.0 | 5.0 |

（4）测站数据的计算

首先将观测数据按照格式要求记录到观测手簿上。

（5）成果计算

在完成水准路线观测后，计算高差闭合差，经校核合格后，调整闭合差并计算各点高程，如表2-3-3所示。

（6）成果检核

① 测站检核

待定点 B 的高程是根据 A 点和沿线各测站所测的高差计算出来的。为了确保观测高差正确无误，须对各测站的观测高差进行检核，这种检核称为测站检核。常用的检核方法有两次仪器高法和双面尺法两种：

a. 两次仪器高法

两次仪器高法是在同一测站上用两次不同的仪器高度，两次测定高差。即测得第一次高差后，改变仪器高度约10cm以上，再次测定高差。若两次测得的高差之差未超过6mm，则取其平均值作为该测站的观测高差。否则需重测。

b. 双面尺法

双面尺法是在一测站上，仪器高度不变，分别用双面水准尺的黑面和红面两次测定高差。若两次测得高差之差未超过6mm，则取其平均值作为该测站的高差。否则需要重测。

② 路线检核

虽然每一测站都进行了检核，但一条水准路线是否有错还是没有保证。例如，在前、后视某一转点时，水准尺未放在同一点上，利用该转点计算的相邻两站的高差虽然精度符合要求，但这一条水准路线却含有错误，因此必须进行路线检核。水准路线检核可以采用附合水准路线、闭合水准路线或支水准路线等方式进行检验。

## 四、技术要求

### 1. 站测技术要求

（1）前后视距长度（9）、（10）≤100m。

（2）前后视距差（11）≤3.0m。

（3）前后视距积累差（12）≤10.0m。

（4）红、黑面的读数之差（13）、（14）≤3mm。

（5）洪、黑面高差之差≤5mm。

### 2. 路线技术要求

高差容许闭合差 $\pm 20\sqrt{L}$ mm（$L$ 为线路长度，以千米为单位）或 $\pm 12\sqrt{N}$ mm（$N$ 为测站数）。

## 五、注意事项

（1）严守作业规定，不合要求者应自觉返工重测。视线高度应该大于0.2m。

（2）小组成员的工种轮换应做到使每人都能担任到每一项工种。

（3）测站数应为偶数。要用步测使前后视距离大致相等。在施测过程中，注意调整前后视距离，使前后视距累积差不致超限。

（4）每站观测结束应当即计算检核，若有超限则应重测该测站。全路线施测计算完毕，各项检核均已符合，路线闭合差也在限差之内，即可收测。

## 六、实习上交成果

（1）实验报告。

（2）四等水准测量记录表（表2-3-3）。

（3）四等水准测量高差误差配赋表（表2-3-4）。

## 七、思考题

（1）要求在铁路基本水准点 $BM_1$ 与 $BM_2$ 间增设3个临时水准点，已知 $BM_1$ 点的高程为1214.216m，$BM_2$ 点的高程为1222.450m，测得各项已知数据如下：

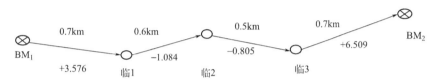

试问：

① 该铁路附合水准成果是否符合精度要求？

② 若附合精度要求，调整其闭合差，并求出各临时水准点的正确高程。

（2）水准测量的成果整理中，其闭合差如何计算？当闭合差不超过规定要求时，应如何进行分配？

（3）三等水准测量和四等水准测量测站观测顺序有何不同？

（4）水准测量的成果整理中，其闭合差如何计算？当闭合差不超过规定要求时，应如何进行分配？

（5）已知水准点5的高程为531.272m，四次隧道洞内各点高程的过程和尺读数如下图所示（测洞顶时，水准尺倒置），试求1、2、3、4点的高程。

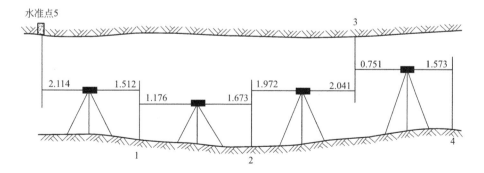

## 闭合水准测量记录表　　表 2-3-3

施测路线自_____至_____观测者：_____记录者：_____

日期：____年____月____日　天气：_____仪器编号：_____

开始：____月____日　结束：____月____日　成　　像：_____

| 测站编号 | 后尺 下丝 / 上丝 后距(m) / 视距差 $d$(m) | 前尺 下丝 / 上丝 前距(m) / $\sum d$(m) | 方向及尺号 | 标尺读数 黑面(m) | 标尺读数 红面(m) | $K$+黑-红 (mm) | 高差中数(m) |
|---|---|---|---|---|---|---|---|
| | (1) | (5) | 后 | (3) | (8) | (10)=(3)+$K$-(8) | |
| | (2) | (6) | 前 | (4) | (7) | (9)=(4)+$K$-(7) | |
| | (12)=(1)-(2) | (13)=(5)-(6) | 后—前 | (16)=(3)-(4) | (17)=(8)-(7) | (11)=(10)-(9) | |
| | (14)=(12)-(13) | | | | | | |
| | | | 后 | | | | |
| | | | 前 | | | | |
| | | | 后—前 | | | | |
| | | | | | | | |
| | | | 后 | | | | |
| | | | 前 | | | | |
| | | | 后—前 | | | | |
| | | | | | | | |
| | | | 后 | | | | |
| | | | 前 | | | | |
| | | | 后—前 | | | | |
| | | | | | | | |
| | | | 后 | | | | |
| | | | 前 | | | | |
| | | | 后—前 | | | | |
| | | | | | | | |

| 测站编号 | 后尺 | 下丝 | 前尺 | 下丝 | 方向及尺号 | 标尺读数 | | K+黑−红（mm） | 高差中数（m） |
|---|---|---|---|---|---|---|---|---|---|
| | | 上丝 | | 上丝 | | 黑面（m） | 红面（m） | | |
| | 后距(m) | | 前距(m) | | | | | | |
| | 视距差 $d$(m) | | $\sum d$(m) | | | | | | |
| | | | | | | | | | |
| | | | | | | | | | |
| | | | | | | | | | |
| | | | | | | | | | |
| | | | | | 后 | | | | |
| | | | | | 前 | | | | |
| | | | | | 后—前 | | | | |
| | | | | | | | | | |
| | | | | | 后 | | | | |
| | | | | | 前 | | | | |
| | | | | | 后—前 | | | | |
| | | | | | | | | | |
| | | | | | 后 | | | | |
| | | | | | 前 | | | | |
| | | | | | 后—前 | | | | |
| | | | | | | | | | |
| | | | | | 后 | | | | |
| | | | | | 前 | | | | |
| | | | | | 后—前 | | | | |
| | | | | | | | | | |
| 检核 | $L = \sum(15) + \sum(16) =$　　　　　水准路线闭合差＝<br>闭合差限差＝$\pm 20\sqrt{L}$（四等水准）或$\pm 40\sqrt{L}$（图根水准）＝<br>是否超限： | | | | | | | | |

四等水准测量高差误差配赋表　　　　　　　　　　　　表 2-3-4

计算者：＿＿＿＿＿　日期：＿＿＿年＿＿＿月＿＿＿日　天气：＿＿＿＿

闭合差（mm）：　　　允许闭合差（mm）＝ ±20$\sqrt{L}$（L往返路线以 km 为单位）：

| 点号 | 距离 | 平均高差(km) | 高差改正数(m) | 改正后高差(m) | 点之高程 |
|------|------|------|------|------|------|
|  |  |  |  |  |  |
|  |  |  |  |  |  |
|  |  |  |  |  |  |
|  |  |  |  |  |  |
|  |  |  |  |  |  |
|  |  |  |  |  |  |
|  |  |  |  |  |  |
|  |  |  |  |  |  |
|  |  |  |  |  |  |
|  |  |  |  |  |  |
|  |  |  |  |  |  |
|  |  |  |  |  |  |
|  |  |  |  |  |  |

# 实验四　水准仪的检验与校正

## 一、实验目的

（1）认识微倾式水准仪的主要轴线及它们之间应具备的几何关系。

（2）基本掌握水准仪的检验和校正方法。

## 二、实验仪器

DS3 水准仪 1 台、水准尺 2 根、尺垫 2 个、校正针 1 根。

计算器 1 个、铅笔 1 支、小刀 1 把、草稿纸若干张。

## 三、实验方法与步骤

### 1. 一般性检验

安置仪器后，首先检验：三脚架是否牢固；制动和微动螺旋、微倾螺旋、对光螺旋、脚螺旋等是否有效；望远镜成像是否清晰等。同时了解水准仪各主要轴线及其相互关系。

### 2. 圆水准器轴平行于仪器竖轴的检验和校正

（1）检验：转动脚螺旋使圆水准器气泡居中，将仪器绕竖轴旋转 180° 后，若气泡仍居中，则说明圆水准器轴平行于仪器竖轴。否则需要校正。

（2）校正：先稍松圆水准器底部中央的固紧螺丝，再拨动圆水准器的校正螺丝，使气泡返回偏离量的 1/2，然后转动脚螺旋使气泡居中。如此反复检校，直到圆水准器在任何位置时，气泡都在刻划圈内为止。最后旋紧固紧螺旋。

### 3. 十字丝横丝垂直于仪器竖轴的检验与校正

（1）检验：以十字丝横丝一端瞄准约 20m 处一细小目标点，转动水平微动螺旋，若横丝始终不离开目标点，则说明十字丝横丝垂直于仪器竖轴。否则需要校正。

（2）校正：旋下十字丝分划板护罩，用小螺丝刀松开十字丝分划板的固定螺丝，微略转动十字丝分划板，使转动水平微动螺旋时横丝不离开目标点。如此反复检校，直至满足要求。最后将固定螺丝旋紧，并旋上护罩。

### 4. 水准管轴与视准轴平行关系的检验与校正

（1）检验：

① 选择相距 75~100m 稳定且通视良好的两点 A、B，在 A、B 两点上各打一个木桩固定其点位。

② 水准仪置于距 A、B 两点等远处的 I 位置，用变换仪器高度法测定 A、B 两点间的高差（两次高差之差不超过 3mm 时可取平均值作为正确高差 $h_{AB}$）。

$$h_{AB} = \frac{(a_1' - b_1' + a_1'' - b_1'')}{2}$$

③ 再把水准仪置于约离 A 点 3~5m 的 Ⅱ 位置，精平仪器后读取近尺 A 上的读数 $a_2$。

④ 计算远尺 B 上的正确读数值 $b_2$。

$$b_2 = a_2 - h_{AB}$$

⑤ 照准远尺 B，旋转微倾螺旋，将水准仪视准轴对准 B 尺上的 $b_2$ 读数，这时，如果水准管气泡居中，即符合气泡影像符合，则说明视准轴与水准管轴平行。否则应进行校正。

（2）校正：

① 重新旋转水准仪微倾螺旋，使视准轴对准 B 尺读数 $b_2$，这时水准管符合气泡影像错开，即水准管气泡不居中。

② 用校正针先松开水准管左右校正螺丝，再拨动上下两个校正螺丝（先松上（下）边的螺丝，再紧下（上）边的螺丝），直到使符合气泡影像符合为止。此项工作要重复进行几次，直到符合要求为止。

## 四、技术要求

（1）对 100m 长的视距，一般要求是检验远尺的读数与计算值之差不大于 3~5mm；

（2）校正后，应再作一次检验，看其是否符合要求。

（3）仪器 $i$ 角检验将仪器安置在 A、B 两点中间以及仪器安置在 AB 延长线离 B 点约 3m 处各一次。

（4）$i$ 角 ≤20″（$i$ 角的技术要求查资料更正。）

## 五、注意事项

（1）水准仪的检验和校正过程要认真细心，不能马虎。原始数据不得涂改。

（2）校正螺丝都比较精细，在拨动螺丝时要"慢、稳、均"。

（3）各项检验和校正的顺序不能颠倒，在检校过程中同时填写实习报告。

（4）各项检校都需要重复进行，直到符合要求为止。

（5）每项检校完毕都要拧紧各个校正螺丝，上好护盖，以防脱落。

（6）本次实习要求学生只进行检验，如若校正，应在指导教师直接指导下进行。

## 六、实习上交成果

（1）实验报告。

（2）水准仪检验与校正表（表 2-4-1）。

## 七、思考题

（1）A、B 两点相距 60m，水准仪置于等间距处时，得 A 点尺读数 $a=1.33$m，B 点尺读数 $b=0.806$m，将仪器移至 AB 的延长线 C 点时，得 A 点的尺读数 1.944m，B 尺读数 1.438m，已知 BC=30m，试问该仪器的 $i$ 角为多少？若在 C 点校正其 $i$ 角，问 A 点尺的正确读数应为多少？

（2）用木桩法检验水准仪的水准管轴与视准轴是否平行时，当水准仪安置在 A、B 两点中间时，测得的高差 $h_{ab} = -0.4222$m。而仪器搬到前视点 B 附近时，后视读数 $a =$

1.023m，前视读数 $b=1.420$m，问水准管轴是否平行与视准轴？若不平行，这时水准仪仍在 B 点不动，应怎样进行水准管轴平行与视准轴的校正？

（3）当 $i$ 角 $\leqslant 20''$，其前后视距差最大为 50m 时，由此而产生的测站高差误差的最大值为多少？

水准仪检验与校正表 表 2-4-1

日期： _____ 年 _____ 月 _____ 日 天气： _____ 仪器编号： _____

观测者： _____ 记录者： _____

（1）一般性检查

| 三脚架 | |
|---|---|
| 制动与微动螺旋 | |
| 微倾螺旋 | |
| 对光螺旋 | |
| 脚螺旋 | |
| 望远镜成像 | |

（2）圆水准器轴与仪器竖轴平行检校

| 仪器转 180° | 校正气泡偏离量（mm） |
|---|---|
| 第一次 | |
| 第二次 | |

（3）十字丝横丝与仪器竖轴是否垂直的检校

| 检验次数 | 固定点偏离横丝是否显著 |
|---|---|
| 第一次 | |
| 第二次 | |

（4）水准管轴与视准轴平行的检校（$i$ 角 $\leqslant 20''$）

| 仪器位置 | 项目 | 第一次 | 第二次 | 第三次 |
|---|---|---|---|---|
| 在 A、B 两点中间置仪器测高差 | 后视 $A$ 点尺上读数 $a_1$ | | | |
| | 前视 $B$ 点尺上读数 $b_1$ | | | |
| | $H_1 = a_1 - b_1$ | | | |
| 在 A 点附近置仪器进行检校 | $A$ 点尺上读数 $a_2$ | | | |
| | $B$ 点尺上读数 $b_2$ | | | |
| | $H_2 = a_2 - b_2$ | | | |
| | 偏差值 $\Delta b = b_2 - b'_2$ | | | |
| | 是否需校正 | | | |
| 平均高差 | $H_{AB} = (H_1 + H_2)/2$ | | | |
| $i$ 角 | $i = (H_2 - H_1) \times \beta''（常数:206265）/D_{AB}$ | | | |

# 实验五　数字水准仪认识及其使用

## 一、实验目的

（1）认识数字水准仪的基本构造，各操作部件的名称和作用，并熟悉使用方法。

（2）掌握数字水准仪的安置、瞄准和读数方法。

## 二、实验仪器

数字水准仪1台、水准尺1对、尺垫2个、测伞一把。

## 三、实验方法及步骤

本实验以南方 DL-2003A 数字水准仪，讲解数字水准仪的基本构造，以及数字水准测量方法。

### 1. 南方 DL-2003A 数字水准仪的基本构造

南方 DL-2003A 数字水准仪的基本构造如图 2-5-1 所示。

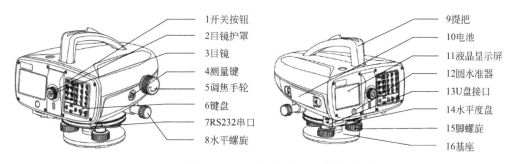

| 1开关按钮 | 9提把 |
| 2目镜护罩 | 10电池 |
| 3目镜 | 11液晶显示屏 |
| 4测量键 | 12圆水准器 |
| 5调焦手轮 | 13U盘接口 |
| 6键盘 | 14水平度盘 |
| 7RS232串口 | 15脚螺旋 |
| 8水平螺旋 | 16基座 |

图 2-5-1　南方 DL-2003A 数字水准仪的基本构造图

### 2. 南方 DL-2003A 数字水准仪水准测量

（1）基本操作

开机：短暂按压【ON/OFF】，开机之后出现如图 2-5-2 所示界面。

主菜单各功能可以触摸屏点击相应区域启动，也可以用【↑↓】键将光标移到所选功能按【ENT】启动。还可以直接按压数字键①…⑥快捷启动。

（2）线路测量

通过主界面先进入"线路测量"（图 2-5-3），线路是按测站保存，只有一个测站测量完之后按"确认"后才保存本站数据，一旦本站保存后，将无法再回到以前的测站进行测量。如果本站的数据有误，用

图 2-5-2　数字水准仪主界面

户可以选择"返回"将会回到本站的第一个点重新测量。

线路测量提供了一、二、三、四等水准测量及自定义线路测量功能，不同类型测量限差值不一样。

图 2-5-3　线路测量界面

以三等水准测量为例，三等水准测量按照 BFFB（后视-前视-前视-后视）往返测的方法进行测量并内置了相应限差。进入三等水准测量模式，输入作业名和线路名之后，按"开始"即可开始测量（图 2-5-4）。

（3）测站测量

轻轻按压【MEAS】按键启动测量。

以一个 BF（后视-前视）测站为例，图 2-5-5 为测量数据。

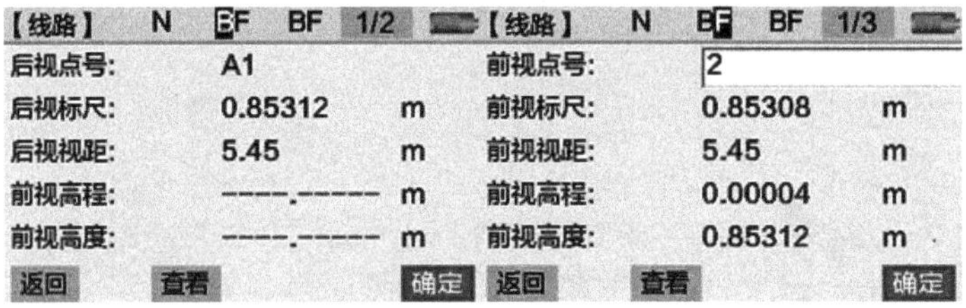

图 2-5-4　新建三等水准测量路线

图 2-5-5　测站测量

按"查看"则可以显示测站结果，图 2-5-6 为一个奇数站 BFFB（后视-前视-前视-后视）测站为例，

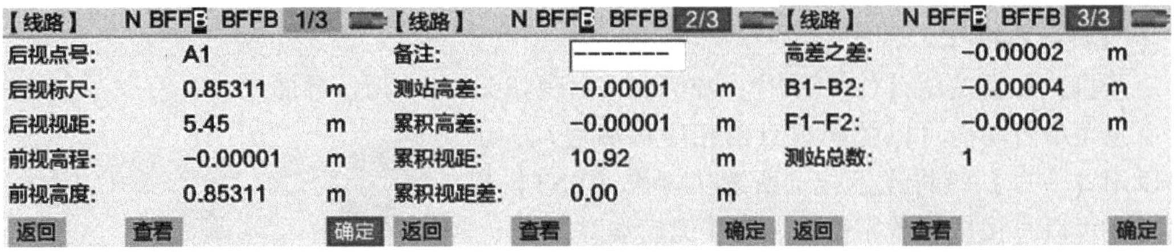

图 2-5-6　测量结果显示

（4）限差设置

线路水准测量中，安置的限差是否要遵守，取决于应用场合。本仪器设置了激活限差或者不激活限差的功能。若激活限差功能，只要测量成果超过限差，仪器就显示一条信

息，并允许立即进行改正测量。

激活或不激活限差功能通过"精密模式"进行设置，其余根据实际测量需要进行设置（图 2-5-7）。

| 【设置限差】 | 1/2 | | 【设置限差】 | 2/2 |
| --- | --- | --- | --- | --- |
| 精密模式: | 开 ◀▶ | | 后−后/前−前: | 开 ◀▶ |
| 累积视距差: | 开 ◀▶ | | 前后视距差: | 开 ◀▶ |
| 视距限值: | 开 ◀▶ | | 转点差: | 开 ◀▶ |
| 视高限值: | 开 ◀▶ | | | |
| 高差之差限差: | 开 ◀▶ | | | |
| 返回 | 限差值 | 确定 | 返回 | 限差值 | 确定 |

图 2-5-7　测量限差设置界面

同时，还可以通过"限差值"修改相应的限差值（图 2-5-8）。

| 【输入限差】 | 1/2 | | 【输入限差】 | 2/2 |
| --- | --- | --- | --- | --- |
| 累积视距差: | 1.00 | m | 高差之差限差: | 0.00030 | m |
| 视距最大值: | 1.00 | m | 后−后/前−前: | 0.00020 | m |
| 视距最小值: | 1.00 | m | 前后视距差: | 1.00 | m |
| 视高最大值: | 1.00000 | m | 转点差: | 0.00150 | m |
| 视高最小值: | 0.50000 | m | | | |
| 返回 | 调用 | 默认 | 确定 | 返回 | 调用 | 默认 | 确定 |

图 2-5-8　测量限差值修改界面

（5）超限提醒

在测量过程中，若激活了限差检查功能（参看限差设置），一旦测量成果超限，窗口就显示当前参数的信息。图 2-5-9 为距离超限。点击"忽略"则接收测量值，继续工作，也可以重测当前点。

（6）线路平差

线路平差程序可进行单一水准线路的平差。可以定义线路上任意两个点为控制点，但要输入控制点的高程。程序计算闭合差、然后平差并记录线路上所有点。

【主菜单】下进入【计算】开始【线路平差】（图 2-5-10）。

图 2-5-9　超限提醒

图 2-5-10　线路平差

首先选择含有线路的作业，然后在当前作业中选择水准线路。这条线路就是要用线路水准测量程序平差的线路。

程序提供"按距离"和"按测站"两种方法进行水准线路平差。

按【确定】之后，要求输入"已知点高程"（图 2-5-11）。

其中，点 1 的缺省是水准线路的第 1 点，但可以选择线路的任意点。点 2 的缺省是水准线路的终点，但可以选择与点 2 不同的任意点。"点 1 高程"、"点 2 高程"的缺省是测量高程。

根据选择的平差方法计算闭合差限差，如果闭合差超限，就显示超限信息（图 2-5-12）。

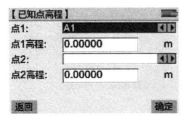 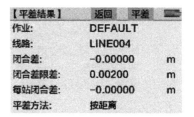

图 2-5-11　水准线路平差已知点高程输入　　　图 2-5-12　线路平差方式设置

点击"平差"可以对整条线路进行平差。显示整条路线平差后的结果，如残差（平差高程和原始高程之间的差）等信息（图 2-5-13）。

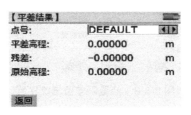

图 2-5-13　线路平差结果显示

可以使用数据管理器查看求得的平差高程。

## 四、技术要求

### 1. 站测技术要求

（1）前后视距长度（9）、（10）≤100m。

（2）前后视距差（11）≤3.0m。

（3）前后视距积累差（12）≤10.0m。

（4）红、黑面的读数之差（13）、（14）≤3mm。

（5）红、黑面高差之差≤5mm。

### 2. 路线技术要求

高差容许闭合差 $\pm 20\sqrt{L}$ mm（$L$ 为线路长度，以千米为单位）或 $\pm 12\sqrt{N}$ mm（$N$ 为测站数）。

## 五、注意事项

（1）严守作业规定，不合要求者应自觉返工重测。视线高度应该大于 0.2m。

（2）小组成员的工种轮换应做到使每人都能担任到每一项工种。

（3）测站数应为偶数。要用步测使前后视距离大致相等。在施测过程中，注意调整前后视距离，使前后视距累积差不致超限。

（4）根据每站限差计算结果，决定是否重测该测站。全路线施测计算完毕，各项检核均已符合，路线闭合差也在限差之内，即可收测。

## 六、实习上交成果

（1）实验报告。
（2）水准测量观测数据（电子版）。
（3）水准测量平差成果（电子版）。

## 七、思考题

（1）数字字水准仪与普通水准仪相比，有何优点？
（2）数字字水准仪是否也存在视线倾斜误差？如果有，如何改正？

# 实验六　经纬仪的认识与使用

## 一、实验目的

（1）了解 DJ6 光学经纬仪的基本构造及主要部件的名称与作用。

（2）掌握经纬仪的操作方法及水平度盘读数的配置方法。

（3）练习 DJ6 光学经纬仪的读数方法。

（4）了解光学经纬仪和电子经纬仪的区别。

## 二、实验仪器

DJ6 光学经纬仪 1 台、三脚架 1 个、花杆 2 根、记录本 1 本、测伞 1 把。

## 三、实验方法及步骤

### 1. 经纬仪的认识

在指定点位上安置经纬仪并熟悉仪器各部件的名称和作用。

（1）光学经纬仪的认识

光学经纬仪的结构（主要常用部件），如图 2-6-1 所示。

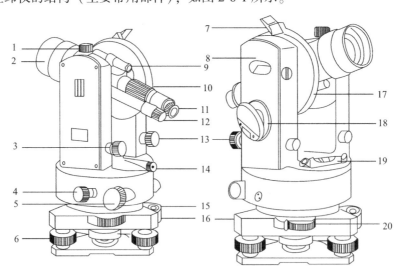

图 2-6-1　经纬仪结构图

1—望远镜制动螺旋；2—望远镜；3—望远镜微动螺旋；4—水平制动；5—水平微动螺旋；6—脚螺旋；7—竖盘指标管水准器观察反射镜；8—竖盘指标管水准器；9—光学瞄准器；10—物镜调焦；11—目镜调焦；12—度盘读数显微镜调焦；13—竖盘指标管水准器微动螺旋；14—光学对中器；15—基座圆水准器；16—仪器基座；17—竖直度盘；18—垂直度盘照明镜；19—照准部管水准器；20—水平度盘位置变换手轮

（2）电子经纬仪的认识

电子经纬仪通过置于机内的微型计算机，可以自动控制工作程序和计算，并可自动进行数据传输和存储。电子经纬仪与光学经纬仪相比较，主要差别在读数系统，其他如照准、对中、整平等装置是相同的。电子经纬仪构造如图 2-6-2 所示。

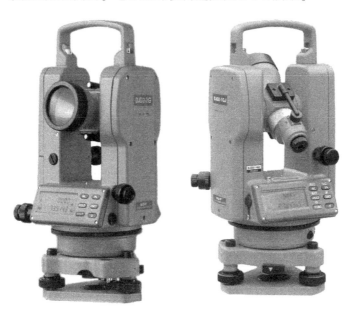

图 2-6-2  电子经纬仪构造

### 2.经纬仪的操作

（1）对中与整平

在经纬仪角度测量之前，必须先将经纬仪对中、整平。首先拧松三脚架架腿固定螺旋并将架腿收拢，根据操作者的身高将三脚架架腿调成等长且合适的高度，并拧紧架腿固定螺旋。打开三脚架将仪器固定到三脚架上，将三个脚螺旋调至中间高度位置。旋转光学对中器的目镜，看清分画板上圆圈，外拉或内推光学对中器使能看清晰地面上的影像，然后按以下方法安置仪器。

① 粗略对中：将经纬仪安置于测站点上，目估三个脚腿叉开角度均等，并使三个脚腿着地点至所对点距离等同，这时仪器自然大致对中，基本能在光学对中器中找到地面上要对点的位置，然后踩稳一条架腿，双手移动另外两条架腿，前后、左右移动，眼睛观察对中器使所对测站点进入同心圆的小圈，放稳并踩实架脚。

② 精确对中：由于踩实架脚影响对中，所以检查光学对中器中心是否仍对准测站点，如有少量偏差，可打开中心连接螺旋，将仪器在架面上缓慢移动，再次使对中器的中心对准测站点，然后拧紧中心连接螺旋。

③ 粗略整平：在三脚架三条架脚尖着地点位置不动的情况下，根据圆水准器气泡往高处移动的规律，通过伸缩三条架腿长度调节圆水准器，使圆水准器气泡居中。

④ 精确整平：将照准部水准管平行一对脚螺旋，调节脚螺旋使照准部水准管气泡居中，再将照准部水准管管旋转90°，调节第三个螺旋使照准部水准管气泡居中，如图 2-6-3 所示。

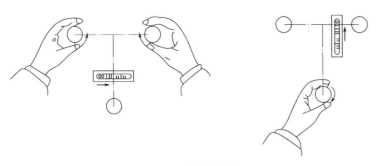

图 2-6-3　水准管的整平

⑤ 精确对中和精确整平反复进行：由于精确整平调节了脚螺旋影响对中，所以检查光学对中器中心是否仍对准测站点，如有可打开中心连接螺旋精确对中。即将仪器在架面上缓慢移动（平移仪器，不要旋转仪器），再次使对中器的中心对准测站点，拧紧中心连接螺旋。观察照准部水准管气泡，若偏离，则重复④、②，直到精平与对中均满足要求为止，如图 2-6-4 所示。一般光学对中误差应小于 3mm，气泡允许偏离零点的量以不超过 1 格为宜。

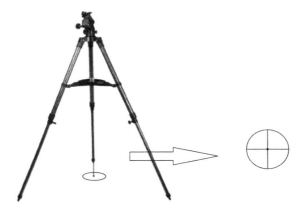

图 2-6-4　经纬仪的安置

（2）照准和读数

照准：

① 先松开水平制动螺旋和望远镜制动螺旋，将望远镜指向天空白色明亮背景。

② 调节目镜对光螺旋使十字丝清晰。

③ 先用望远镜上的粗瞄器对准目标，固定水平制动螺旋和望远镜制动螺旋，此时目标像应已在望远镜视线范围内。

④ 调节物镜对光螺旋，使目标清晰并消除视差。

⑤ 转动水平微动螺旋和竖直微动螺旋，使十字丝交点精确照准目标最底部中间位置。

读数：读取水平度盘的读书或竖直度盘读数。

**3. 度盘配置**

设共测 $n$ 个测回，则第 $i$ 个测回的度盘位置为略大于 $(i-1) \times 180°/n$。［注意：一般情况下，$(i-1) \times 180°/n$，通常是比这个数值稍大一点］。

### 4. 实习步骤

本实验首先以盘左位置照准左方目标 A，顺时针旋转照准部照准右方目标 B，计算出上半测回角值；再将经纬仪置盘右位置，先照准右方目标 B，读取水平度盘读数，逆时针转动照准部，再照准左方目标 A，读取水平度盘读数，算出其下半测回角值。

## 四、技术要求

（1）垂球对中误差小于 3mm。

（2）整平误差小于 1 格。

## 五、注意事项

（1）仪器从箱中取出前，应看好它的放置位置，以免装箱时不能恢复到原位。

（2）仪器在三脚架上未固连好前，手必须握住仪器，不得松手，以防仪器跌落，摔坏仪器。

（3）仪器入箱后，要及时上锁；提动仪器前检查是否存在事故危险。

（4）转动望远镜或照准部之前，必须先松开制动螺旋，用力要轻；一旦发现转动不灵，要及时检查原因，不可强行转动。

（5）一测回观测过程中，当水准管气泡偏离值大于 1 格时，应整平后重测。

（6）所设观测目标不应过大，否则以单丝平分目标或双丝夹住目标均有困难。

（7）瞄准目标时，尽可能瞄准目标底部，以减少目标倾斜引起的误差。

（8）记录员听到观测员读数后必须向观测员回报，经观测员默许后方可记入手簿，以防听错而记错。

（9）手簿记录、计算一律取至秒。

## 六、上交资料

（1）实验报告。

（2）经纬仪观测记录表（表 2-6-1）。

## 七、思考题

（1）经纬仪的构造有哪几个主要部分，它们各起什么作用？

（2）经纬仪上有几对制动、微动螺旋？它们各起什么作用？如何正确使用它？

经纬仪观测记录表

表 2-6-1

日期：_____年_____月_____日 天气：_____ 仪器编号：_____

观测者：_____ 记录者：_____

| 测站 | 测回 | 竖盘位置 | 目标 | 水平度盘读数/(° ′ ″) | 半测回角值/(° ′ ″) |
|------|------|----------|------|----------------------|--------------------|
|  |  | 左 |  |  |  |
|  |  |  |  |  |  |
|  |  | 右 |  |  |  |
|  |  |  |  |  |  |
|  |  | 左 |  |  |  |
|  |  |  |  |  |  |
|  |  | 右 |  |  |  |
|  |  |  |  |  |  |
|  |  | 左 |  |  |  |
|  |  |  |  |  |  |
|  |  | 右 |  |  |  |
|  |  |  |  |  |  |
|  |  | 左 |  |  |  |
|  |  | 右 |  |  |  |
|  |  | 左 |  |  |  |
|  |  |  |  |  |  |
|  |  | 右 |  |  |  |
|  |  |  |  |  |  |
|  |  | 左 |  |  |  |
|  |  |  |  |  |  |
|  |  | 右 |  |  |  |
|  |  |  |  |  |  |
|  |  | 左 |  |  |  |
|  |  |  |  |  |  |
|  |  | 右 |  |  |  |
|  |  | 左 |  |  |  |
|  |  |  |  |  |  |
|  |  | 右 |  |  |  |

# 实验七　测回法观测水平角

## 一、实验目的

（1）掌握测回法观测水平角的观测顺序。

（2）掌握测回法观测水平角的记录和计算方法。

## 二、实验仪器

DJ6 经纬仪 1 台、三脚架 1 个、花杆 2 根、记录本 1 本、测伞 1 把。

## 三、实验方法及步骤

（1）在一个指定的点 O 上安置经纬仪。

（2）选择两个明显的固定点 A（左侧）、B（右侧）作为观测目标或用花杆标定两个目标。

（3）用测回法测定其水平角值，如图 2-7-1 所示。其观测程序如下：

① 盘左观测：安置好仪器以后，以盘左位置照准左方目标 A，度盘读数调至接近 $0°00'00''$，并读取水平度盘读数 $a_1$。记录人听到读数后，立即回报观测者，经观测者默许后，立即记入测角记录表 2-7-1 中。然后顺时针旋转照准部照准右方目标 B，读取其水平度盘读数 $b_1$，并记入测角记录表中。至此完成了上半测回的观测，记录者在记录表中要计算出上半测回角值 $\beta_{左}=b_1-a_1$。

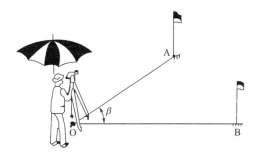

图 2-7-1　水平角观测（测回法）

② 盘右观测：将经纬仪置盘右位置，先照准右方目标 B，读取水平度盘读数 $b_2$，并记入测角记录表中。其读数与盘左时的同一目标读数大约相差 180°。逆时针转动照准部，再照准左方目标 A，读取水平度盘读数 $a_2$，并记入测角记录表中。至此完成了下半测回的观测，记录者再算出其下半测回角值 $\beta_{右}=b_2-a_2$。

③ 如果上半测回角值和下半测回角值之差没有超限（不超过 $\pm40''$），则取其平均值 $\beta=\dfrac{1}{2}(\beta_{左}+\beta_{右})$ 作为一测回的角度观测值，也就是这两个方向之间的水平角；否则应重新测该测回。

（4）如果观测不止一个测回，而是要观测 $n$ 个测回，那么在每测回要重新设置水平度盘起始读数。即对左方目标每测回在盘左观测时，水平度盘应设置 $180°/n$ 的整倍数来观测。

（5）成果记录

按表 2-7-1 格式进行记录。

## 四、技术要求

（1）上、下半测回角值互差不超过 40″。

（2）各测回角值互差不超过 ±24″。

## 五、注意事项

（1）瞄准目标时，尽可能瞄准其底部。

（2）同一测回观测时，切勿转动度盘变换手轮，以免发生错误，最好将手轮卡死。

（3）观测过程中若发现气泡偏移超过一格时，应重新整平重测该测回。

（4）计算半测回角值时，当左目标读数 $a$ 大于右目标读数 $b$ 时，则应加 360°。

（5）手簿记录、计算一律取至秒。

## 六、实习上交成果

（1）实验报告。

（2）测回法水平角观测记录表（表 2-7-1）。

## 七、思考题

（1）整平的目的是什么？整平的操作方法如何？

（2）测∠ABC 时，没有照准 C 点标杆的底部而瞄准标杆顶部，设标杆顶端偏离 BC 线 15mm，问因目标偏心引起的测角误差有多大？

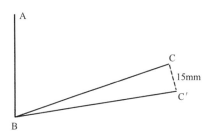

（3）测水平角时对中的目的是什么？设要测出∠ABC（设为 90°）因对中有误差，在 CB 的延长线上偏离 B 点 10mm，即仪器中心在 B′ 点，问因对中而引起的角误差有多大？

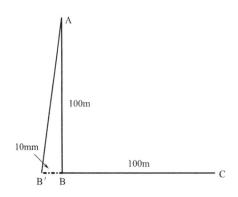

（4）经纬仪测角时，用盘左盘右两个位置观测同一角度，能消除哪些误差对水平角观测成果的影响？

（5）影响水平角观测精度的因素有哪些？如何防止、消除或降低这些因素的影响？

## 测回法水平角观测记录表

表 2-7-1

日期：_____年_____月_____日　天气：_____仪器编号：_____

观测者：_____　记录者：_____

| 测站 | 测回 | 竖盘位置 | 目标 | 水平度盘读数 /(° ′ ″) | 半测回角值 /(° ′ ″) | 一测回角值 /(° ′ ″) | 各测回平均角值 /(° ′ ″) | 备注 |
|---|---|---|---|---|---|---|---|---|
| | | | | 0　02　24① | 81　12　12 ③=②−① | 81　12　06 ⑤=(③+④)/2 | | |
| | | | | 81　14　36② | | | | |
| | | | | 180　02　36 | 81　12　00 ④ | | 81　12　08 ⑦=(⑤+⑥)/2 | |
| | | | | 261　14　36 | | | | |
| | | | | 90　03　06 | 81　12　06 | 81　12　09 ⑥ | | |
| | | | | 171　15　12 | | | | |
| | | | | 270　03　00 | 81　12　12 | | | |
| | | | | 351　15　12 | | | | |
| | | | | | | | | |
| | | | | | | | | |
| | | | | | | | | |
| | | | | | | | | |
| | | | | | | | | |
| | | | | | | | | |
| | | | | | | | | |
| | | | | | | | | |
| | | | | | | | | |
| | | | | | | | | |
| | | | | | | | | |
| | | | | | | | | |

# 实验八　方向观测法水平角

## 一、实验目的

（1）掌握方向观测法观测水平角的操作顺序及记录、计算方法。

（2）掌握归零、归零差、归零方向值、$2c$ 变化值的概念以及各项限差的规定。

## 二、实验仪器

DJ6 经纬仪 1 台、三脚架 1 个、花杆若干根、记录本 1 本、测伞 1 把。

## 三、实验方法与步骤

方向观测法，也称为全圆观测法，通常用于一个测站上照准目标多于三个的观测。如图 2-8-1 所示，设 O 为测站点，A、B、C、D 为目标点，在此情况下通常采用方向观测法。

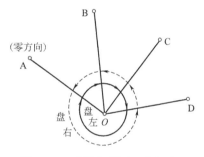

图 2-8-1　水平角观测（方向法）

（1）安经纬仪于站点 O 上，对中、整平后使仪器处于水平。

① 照准起始方向（又称零方向）A，将水平度盘配置为所需读数，精确照准后读取水平度盘的读数（如 00°12′42″）。

② 松开水平制动螺旋，按顺时针旋转照准部，照准目标 B，读取水平度盘的读数（如 60°18′42″）。

③ 同样依次观测目标 C、D，并读取照准各目标时的水平度盘读数（如 116°40′18″、185°17′30″）。

④ 继续顺时针转动望远镜，最后再观测零方向 A，并读取水平度盘的读数（如 00°02′30″），此照准 A 称之为归零。此次零方向的水平度盘读数与第一次照准零方向的水平度盘读数之差称为归零差，若归零差满足要求（J6 限定为 18″），即完成了上半测回的观测。

⑤ 纵转望远镜使仪器处于盘右状态，再按逆时针方向依次照准目标 A、D、C、B、A，称为下半测回。同上半测回一样，照准各目标时，分别读取水平度盘的读数并记入记录手簿。下半测回也存在归零差，若归零差满足要求，下半测回也告结束。上、下半测回合称一个测回。

（2）方向观测法的角值计算

① 计算两倍照准误差 $2C$ 值：

$$2C \text{ 值} = \text{盘左读数} - (\text{盘右读数} \pm 180°)$$

盘左读数大于180°时取"+"号，盘左读数小于180°时取"-"号。

② 计算各目标的方向值的平均读数：照准某一目标时，水平度盘的读数，称为该目标的方向值。

$$方向值平均读数 = \frac{1}{2}\left[盘左读数 + （盘右读数 \pm 180°）\right]$$

式中加减号取法同前。

需要说明的是：起始方向有两个平均值，应将此两均值再次平均，所得值作为起始方向的。

（3）计算归零后的方向值（又称归零方向值）

将起始目标的方向值作为00°00′00″，此时其他各目标对应的方向值称为归零方向值。计算方法可将各目标方向值的平均读数减去起始方向值的平均读数，即得各方向的归零方向值。

（4）计算各测回归零方向值的平均值

当测回数为两个或两个以上时，不同测回的同一方向归零后的方向值应相等，但由于误差的原因导致各测回之间有一定的差数，如该差数在限差（DJ6定为24″）之内，可取其平均值作为该方向的最后方向值。

（5）计算各目标间的水平角值

后一目标的平均归零方向值减去前一目标的平均归零方向。

（6）经纬仪方向观测法的各项限差如表2-8-1所示。

方向观测法限差　　　　　　　　　　　　　　表 2-8-1

| 仪器型号 | 两次读数差(″) | 半测回归零差(″) | 一测回 2C 互差(″) | 各测回同一方向较差(″) |
|---|---|---|---|---|
| DJ2 | 3 | 8 | 13 | 9 |
| DJ6 | | 18 | | 24 |

## 四、技术要求

（1）上、下半测回归零差不超过18″。

（2）同一方向各测回互差不超过24″。

## 五、注意事项

（1）采用方向观测法时，选择理想的方向作为零方向是最重要的。如果零方向选择的不理想，不仅观测工作无法顺利进行，而且还会影响方向值的精度。

（2）边长适中。与零方向其他方向比较，其边长既不是太长，又不是太短。

（3）成像清晰，目标背景最好是天空。若本点所有目标的背景均不是天空时，可选择背景为远山的目标作为零方向。另外，零方向的相位差影响要小。

（4）测回法每个单角起始方向盘左应将度盘配置在"0"度稍大处。

（5）方向观测法应选择距离稍远、易于照准的清晰目标作为起始方向（零方向）。

（6）随时注意水准管气泡是否居中。

（7）观测过程中，同一测回上下半测回之间一般不允许重新整平，确有必要时（如照准部水准管气泡偏离居中位置大于1格）则重新整平后需要重测该测回。不同测回之间允许在测回间重新整平仪器。

（8）记录员听到观测员读数后应向观测员回报，经观测员默许后方可记入手簿，以防听错而记错。

（9）方向观测法测回间盘左零方向的水平度盘读数应变动（$n$ 为测回数）。

## 六、实习上交成果

（1）实验报告。

（2）方向法水平角观测记录表（表2-8-2）。

## 七、思考题

（1）经纬仪测角时，用盘左盘右两个位置观测同一角度，能消除哪些误差对水平角观测成果的影响？

（2）根据水平角观测原理，经纬仪应满足哪些条件？如何检验这些条件是否满足？怎么进行校正？其检验校正的次序是否可以变动？为什么？

（3）用经纬仪做方向观测，其观测资料如下，试计算各方向值。

| 测站 | 测回 | 方向数 | 读数 盘左 L（°′″） | 读数 盘右 R（°′″） | $2C=$ $L+180°-R$ | 方向值 $(L+R-180°)/2$ | 归零方向值（°′″） | 备注 |
|---|---|---|---|---|---|---|---|---|
| A | I | 1 | 0 00 20.4 | 180 00 16.9 | | | | |
| | | 2 | 60 58 11.7 | 240 58 13.7 | | | | |
| | | 3 | 109 33 1.0 | 289 33 43.9 | | | | 平均方向值： |
| | | 4 | 155 53 38.5 | 335 53 39.2 | | | | 1 — |
| | | 1 | 0 00 19.0 | 180 00 23.0 | | | | 2 — |
| A | II | 1 | 45 12 44.7 | 225 12 48.9 | | | | 3 — |
| | | 2 | 106 10 40.7 | 286 10 45.6 | | | | 4 — |
| | | 3 | 154 46 01.3 | 334 46 09.4 | | | | |
| | | 4 | 201 06 05.8 | 21 06 11.3 | | | | |
| | | 1 | 45 12 47.6 | 225 12 48.2 | | | | |

水平角方向观测法记录表

表 2-8-2

日期：_____年___月_____日　天气：_____仪器编号：_____

观测者：_____　记录者：_____

| 测站 | 测回数 | 目标 | 水平度盘读数 | | 2C (") | 方向值 (° ′ ″) | 归零方向值 (° ′ ″) | 各测回平均方向值(° ′ ″) | 角值 (° ′ ″) |
|---|---|---|---|---|---|---|---|---|---|
| | | | 盘左 (° ′ ″) | 盘右 (° ′ ″) | | | | | |
| | | | | | | | | | |
| | | | | | | | | | |
| | | | | | | | | | |
| | | | | | | | | | |
| | | | | | | | | | |
| | | | | | | | | | |
| | | | | | | | | | |
| | | | | | | | | | |
| | | | | | | | | | |
| | | | | | | | | | |
| | | | | | | | | | |

# 实验九　垂直角观测

## 一、实验目的

（1）了解经纬仪竖盘注记形式，弄清竖盘与指标、指标差与指标水准管之间的关系。

（2）掌握垂直角观测、记录、计算及指标差的计算。

## 二、实验仪器

DJ6 经纬仪 1 台、三脚架 1 个、记录本 1 本、测伞一把。

## 三、实验方法与步骤

### 1. 垂直角观测和指标差计算

（1）在指定地面点上安置经纬仪，进行对中、整平、转动望远镜，从读数镜中观察垂直度盘读数的变化，确定竖盘的注记形式，并在记录表中写出垂直角及竖盘指标差的计算公式。

（2）选定某一觇牌或其他明显标志作为目标，盘左，瞄准目标（用十字丝中的横丝切于目标顶部或平分目标），转动竖盘水准管微动螺旋，使竖盘水准管气泡居中后，读取垂直度盘读数，用竖盘公式计算盘左半测回垂直角值 $\alpha_{左}$。

（3）盘右，作同样的观测、记录与计算，得盘右半测回垂直角值 $\alpha_{右}$。

（4）按下式计算指标有差 $\chi$ 及一测回垂直角 $\alpha$。

$$\chi = \frac{1}{2}(\alpha_{左} - \alpha_{右})$$

$$\alpha = \frac{1}{2}(\alpha_{左} + \alpha_{右})$$

（5）每人至少向同一目标观测二测回，或向两个不同目标各观测一测回。

### 2. 指标差的检验与校正

（1）检验各测回观测算得指标差之差是否超限，剔除离群值，取其平均数，作为该仪器的竖盘指标差，如果 $\bar{\chi}$ 的绝对值大于 $60''$，则需要进行指标差的校正。

（2）指标差的校正方法如下：以盘右瞄准原目标，转动竖盘水准管微动螺旋，将原垂直度盘读数调整到指标差校正后的读数（原读数加或减指标差），拨动竖盘水准管校正螺丝，使气泡居中，反复检校，直至指标差小于规定的数值为止。

（3）对于有竖盘指标自动归零补偿器的经纬仪，仍会有指标差存在。检验计算方法同上，算得盘左盘右经指标差改正的读数后，校正的方法如下：打开校正小窗口的盖板，有两个校正螺丝，等量相反转动（先松后紧）该两螺丝，可以使竖盘读数调整至经指标差改正后的读数。（校正工作应由专业仪器检修人员进行。）

## 四、技术要求

（1）各测回指标差互查不超过 25″。

（2）竖直角测回差不超过 25″。

## 五、注意事项

（1）进行垂直角观测瞄准目标时，横丝应通过目标的几何中心（例如觇牌）或切于目标的顶部（例如标杆）；每次垂直度盘读数前，应使竖盘水准管气泡居中。

（2）计算垂直角和指标差时，应注意正、负号。

## 六、实习上交成果

（1）实验报告。

（2）方向法水平角观测记录表（表 2-9-1）。

## 七、思考题

（1）什么叫竖直角？用经纬仪测竖直角的步骤如何？

（2）竖盘指标水准管起什么作用？盘左、盘右测得的竖直角不一样，说明什么？

（3）在做经纬仪竖盘指标差检验校正时，若用全圆顺时针注记的威而特 T1 经纬仪盘左盘右分别瞄准同一目标，得盘左竖盘读数为 75°24.3′，盘右竖盘读数为 284°38.5′，问此时视准轴水平时盘左的竖盘读数是否为 90°，如不满足此条件，怎样校正指标水准管？

**竖直角观测记录表**

表 2-9-1

日期：_____年___月_____日　天气：_____仪器编号：_____

观测者：_____　记录者：_____

| 测站 | 目标 | 竖盘位置 | 垂直度盘读数<br>（°′″） | 半测回垂直角<br>（°′″） | 指标差<br>（′″） | 一测回垂直角<br>（°′″） |
|---|---|---|---|---|---|---|
|  |  |  |  |  |  |  |
|  |  |  |  |  |  |  |
|  |  |  |  |  |  |  |
|  |  |  |  |  |  |  |
|  |  |  |  |  |  |  |
|  |  |  |  |  |  |  |
|  |  |  |  |  |  |  |
|  |  |  |  |  |  |  |
|  |  |  |  |  |  |  |
|  |  |  |  |  |  |  |
|  |  |  |  |  |  |  |
|  |  |  |  |  |  |  |
|  |  |  |  |  |  |  |
|  |  |  |  |  |  |  |
|  |  |  |  |  |  |  |
|  |  |  |  |  |  |  |
|  |  |  |  |  |  |  |
|  |  |  |  |  |  |  |
|  |  |  |  |  |  |  |
|  |  |  |  |  |  |  |

# 实验十　经纬仪的检验与校正

## 一、实验目的

（1）认识 DJ6 级光学经纬仪的主要轴线及它们之间应具备的几何关系。

（2）熟悉 DJ6 级光学经纬仪的检验与校正方法。

## 二、实验仪器

DJ6 经纬仪 1 台、记录板 1 块、测伞 1 把、校正针 1 根，计算器、铅笔、小刀、草稿纸。

## 三、实验方法与步骤

**1. 照准部水准管轴垂直于仪器竖轴的检验与校正**

（1）检验方法

① 先将经纬仪严格整平。

② 转动照准部，使水准管与三个脚螺旋中的任意一对平行，转动脚螺旋使气泡严格居中。

③ 再将照准部旋转 180°，此时，如果气泡仍居中，说明该条件能够满足。若气泡偏离中央零点位置，则需进行校正。

（2）校正方法

① 先旋转这一对脚螺旋，使气泡向中央零点位置移动偏离格数的一半。

② 用校正针拨动水准管一端的校正螺丝，使气泡居中。

③ 再次将仪器严格整平后进行检验，如需校正，仍用①、②所述方法进行校正。

④ 反复进行数次，直到气泡居中后再转动照准部，气泡偏离在半格以内，可不再校正。

**2. 十字丝竖丝的检验与校正**

（1）检验方法

整平仪器后，用十字丝竖丝的最上端照准一明显固定点，固定照准部制动螺旋和望远镜制动螺旋，然后转动望远镜微动螺旋，使望远镜上下微动，如果该固定点目标不离开竖丝，说明此条件满足，否则需要校正。

（2）校正方法

① 旋下望远镜目镜端十字丝环护罩，用螺丝刀松开十字丝环的每个固定螺丝。

② 轻轻转动十字丝环，使竖丝处于竖直位置。

③ 调整完毕后务必拧紧十字丝环的四个固定螺丝，上好十字丝环护罩。

此项检验、校正也可以采用与水准仪横丝检校同样的方法，或采用悬挂垂球使竖丝与垂球线重合的方法进行。

**3. 视准轴的检验与校正**

（1）盘左盘右读数法

① 检验方法

a. 选与视准轴大致处于同一水平线上的一点作为照准目标，安置好仪器后，盘左位置照准此目标并读取水平度盘读数，记作 $\alpha_左$。

b. 再以盘右位置照准此目标，读取水平盘读数，记作 $\alpha_右$。

c. 如 $\alpha_左 = \alpha_右 \pm 180°$，则此项条件满足。如果 $\alpha_左 \neq \alpha_右 \pm 180°$，则说明视准轴与仪器横轴不垂直，存在视准差 $c$，即 $2c$ 误差，应进行校正。$2c$ 误差的计算公式如下：

$$c = \frac{1}{2}\left[\alpha_左 - (\alpha_右 \pm 180°)\right]$$

或

$$2c = \alpha_左 - (\alpha_右 - 180°)$$

② 校正方法

a. 仪器仍处于盘右位置不动，以盘右位置读数为准，计算两次读数的平均值 $\alpha$ 作为正确读数，即

$$\alpha = \frac{\alpha_左 + (\alpha_右 \pm 180°)}{2}$$

或用 $\alpha = \alpha_左 - c$ 或 $\alpha = \alpha_右 + c$ 计算 $\alpha$ 的正确读数。

b. 转动照准部微动螺旋，使水平度盘指标在正确读数 $\alpha$ 上，这时，十字丝交点偏离了原目标。

c. 旋下望远镜目镜端的十字丝护罩，松开十字丝环上、下校正螺丝，拨动十字丝环左右两个校正螺丝(先松左(右)边的校正螺丝，再紧右(左)边的校正螺丝)，使十字丝交点回到原目标，即使视准轴与仪器横轴相垂直。

d. 调整完后务必拧紧十字丝环上、下两校正螺丝，上好望远镜目镜护罩。

（2）横尺法(即四分之一法)

① 检验方法

a. 选一平坦场地安置经纬仪，后视点 A 和前视点 B 与经纬仪站点 O 的距离为 20.626m，如图 2-10-1 所示。在前视 B 点上横放一刻有毫米分画的小尺，使小尺垂直于视线 OB，并尽量与仪器同高。

b. 盘左位置照准后视点 A，倒转望远镜在前视 B 点尺上读数，得 $B_1$(图 2-10-1)。

c. 盘右位置照准后视点 A，倒转望远镜在前视 B 点尺上读数，得 $B_2$(图 2-10-1)。

d. 若 $B_1$ 和 $B_2$ 两点重合，说明视准轴与横轴垂直，否则先计算 $c$ 值。

$$c = \frac{B_1 B_2}{4S}\rho \quad (\rho = 206265'')$$

式中 $S$ 为仪器到标尺的距离。若 $c > 15''$，应进行校正。

② 校正方法

a. 求得 $B_1$ 和 $B_2$ 之间距离后，计算 $B_2 B_3$ 即 $B_2 B_3 = B_1 B_2 / 4$。

b. 用拨针拨动十字丝环左右两个校正螺丝，先松左(右)边的校正螺丝，再紧右(左)边的校正螺丝，直到十字交点与 $B_3$ 点重合为止。

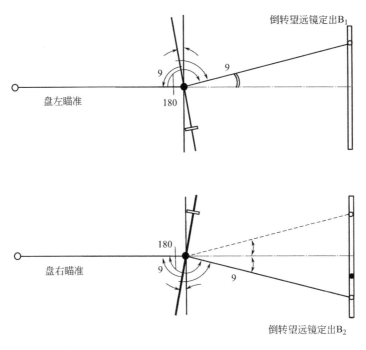

图 2-10-1

c.调整完后务必拧紧十字丝环上、下两校正螺丝，上好望远镜目镜护罩。

### 4.横轴的检验与校正

（1）检验方法

在离墙 20 ~ 30m 处安置仪器，墙上选一仰角大于 30° 的目标点 P，先用盘左瞄准 P 点，放平望远镜，在墙上定出 $P_1$ 点；再用盘右瞄准 P 点，放平望远镜，在墙上定出 $P_2$ 点。如 $P_1$、$P_2$ 重合，则表明条件满足；否则需计算 $i$ 角(图 2-10-2)。

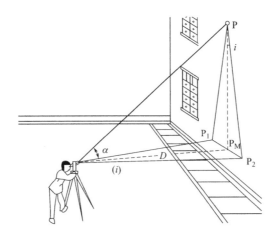

图 2-10-2　横轴垂直于竖轴的检验

$$i'' = \frac{P_1P_2}{2D \cdot \text{tg}\alpha} \cdot \rho'' \quad （公式里 i 有 2 个撇，注意）$$

式中：$D$ 为仪器至 P 点的水平距离，$d$ 为 $P_1$、$P_2$ 的距离，$\alpha$ 为照准 P 点时的竖角，$\rho'' = 206265''$。当 $i$ 角大于 $60''$（湖州职业学院的 $20''$）时，应校正。

（2）校正方法

用十字丝交点瞄准 $P_1$、$P_2$ 的中点 M，抬高望远镜，并打开横轴一端的护盖，调整支承横轴的偏心轴环，抬高或降低横轴一端，直至交点瞄准 P 点。由于横轴是密封的，且需专用工具，故此项校正应由专业仪器检修人员进行。

**5. 竖盘指标水准管的检验与校正**

（1）检验方法：

① 安置好仪器后，盘左位置照准某一高处目标（仰角大于 $30°$），用竖盘指标水准管微动螺旋使水准管气泡居中，读取竖直度盘读数，并根据实习十所述的方法，求出其竖直角 $\alpha_左$。

② 再以盘右位置照准此目标，用同样方法求出其竖直角 $\alpha_右$。

③ 若 $\alpha_左 \neq \alpha_右$，说明有指标差，应进行校正。

（2）校正方法：

① 计算出正确的竖直角 $\alpha$：

$$\alpha = \frac{1}{2}(\alpha_左 + \alpha_右)$$

② 仪器仍处于盘右位置不动，不改变望远镜所照准的目标，再根据正确的竖直角 $\alpha$ 和竖直度盘刻划特点求出盘右时竖直度盘的正确读数值，并用竖直指标水准管微动螺旋使竖直度盘指标对准正确读数值，这时，竖盘指标水准管气泡不再居中。

③ 用拨针拨动竖盘指标水准管上、下校正螺丝，使气泡居中，即消除了指标差，达到了检校的目的。

对于有竖盘指标自动归零补偿装置的经纬仪，其指标差的检验与校正方法如下：

（1）检验方法

经纬仪整平后，对同一高度的目标进行盘左、盘右观测，若盘左位置读数为 L，盘右位置读数为 R，则指标差 X 按下式计算：

$$X = \frac{(L+R) - 360°}{2}$$

若 $X$ 的绝对值大于 $30''$，则应进行校正。

（2）校正方法

取下竖盘立面仪器外壳上的指标差盖板，可见到两个带孔螺钉，松开其中一个螺钉，拧紧另一个螺钉，使垂直光路中一块平板玻璃产生转动，从而达到校正的目的。仪器校正完毕后应检查校正螺钉是否紧固可靠，以防脱落

**6. 光学对点器的检验与校正**

目的：使光学垂线与竖轴重合。

（1）检验方法

对点器安装在照准部上的仪器：安置经纬仪于脚架上，移动放置在脚架中央地面上标有 $a$ 点的白纸，使十字丝中心与 $a$ 点重合。转动仪器 $180°$，再看十字丝中心是否与地面上的 $a$ 目标重合，若重合条件满足，否则需要校正。

（2）校正方法

仪器类型不同，校正的部位不同，但总的来说有两种校正方式：

① 校正转向直角棱镜：

该棱镜在左右支架间用护盖盖着，校正时用校正螺丝调节偏离量的一半即可。

② 校正光学对点器目镜十字丝分划板：

调节分划板校正螺丝，使十字丝退回偏离值的一半，即可达到校正的目的。

## 四、技术要求

（1）视准轴误差不超过 60″。

（2）指标差不超过 60″。

## 五、注意事项

（1）各项检校顺序不能颠倒。在检校过程中要同时填写实习报告。

（2）检校完毕，要将各个校正螺丝拧紧，以防脱落。

（3）每项检校都需重复进行，直到符合要求。

（4）校正后应再作一次检验，看其是否符合要求。

（5）本次实习只作检验，校正应在指导教师指导下进行。

## 六、实习上交成果

（1）实验报告。

（2）经纬仪检验与校正报告（表 2-10-1）。

## 七、思考题

（1）对某经纬仪检验得知：在盘左时视准轴不垂直于横轴的误差为 $C = +15″$，若用该仪器观测一竖直角为 $+10°$ 的目标 A，则读数中含有多大的误差？如果不考虑其他误差的影响，用测回法观测目标 A 时，其半测回间方向读数差为多少？

（2）用经纬仪对目标 1、2 进行观测，盘左、盘右时水平读数分别为：$L_1 = 0°02′20″$，$R_1 = 180°02′36″$，$L_2 = 62°23′23″$，$R_2 = 242°23′53″$，1、2 目标的竖直角分别为 $0°02′00″$ 和 $30°30′42″$，求该仪器的视准轴误差 $C$ 及横轴误差 $i_0$。

（3）在检验视准轴与横轴是否垂直时，为什么要使目标与仪器大致同高？而检验横轴与竖轴是否垂直时，为什么要使瞄准目标的仰角超过 30°？

（4）如果经纬仪的照准部水准管与仪器的竖轴不垂直，在不进行校正的情况下，如何整平仪器？为什么？

## 经纬仪检验与校正报告

表 2-10-1

日期：_____年___月_____日　天气：_____仪器编号：_____

观测者：_____　记录者：_____

### 1. 一般性检验

三脚架_____，水平制动与微动螺旋_____，望远镜制动与微动螺旋_____，照准部转动_____，
望远镜转动_____，望远镜成像_____，脚螺旋_____。

### 2. 水准管轴垂直于竖轴检验

| 检验次数 | 气泡偏离格数 |
|---|---|
|  |  |
|  |  |

### 3. 十字丝纵丝检验

| 检验次数 | 误差是否显著 |
|---|---|
|  |  |
|  |  |

### 4. 视准轴垂直于横轴检验

| 仪器安置点 | 目标 | 盘位 | 水平度盘读数 | 2C 值计算 |
|---|---|---|---|---|
|  |  | 左 |  | $C=[左-(右\pm180°)]/2=$ |
|  |  | 右 |  | $A=[左+(右\pm180°)]/2$ |
|  |  | 左 |  | $C=[左-(右\pm180°)]/2=$ |
|  |  | 右 |  | $A=[左+(右\pm180°)]/2$ |

### 5. 横轴的检验

| 检验次数 | m1 和 m2 两点间距离 |
|---|---|
|  |  |
|  |  |

### 6. 竖盘指标差检验

| 仪器安置点 | 目标 | 竖盘盘位 | 竖盘读数 | 指标差 | 盘右正确竖盘读数 |
|---|---|---|---|---|---|
|  |  | 左 |  |  |  |
|  |  | 右 |  |  |  |
|  |  | 左 |  |  |  |
|  |  | 右 |  |  |  |

# 实验十一　全站仪的认识和使用

## 一、实验目的

（1）了解全站仪的基本结构与性能，各操作部件的名称和作用。

（2）掌握全站仪的安置方法。在一个测站上安置全站仪，练习水平角、竖角、距离及坐标的测量。

## 二、实验仪器

全站仪（包括棱镜、棱镜杆、脚架、数据线）1 套，三脚架 1 个、记录板 1 块，测伞1 把。

## 三、实验方法及步骤

### 1. 全站仪的基本构造

电子全站仪由电源部分、测角系统、测距系统、数据处理部分、通信接口及显示屏、键盘等组成。

全站仪构造如图 2-11-1 所示。

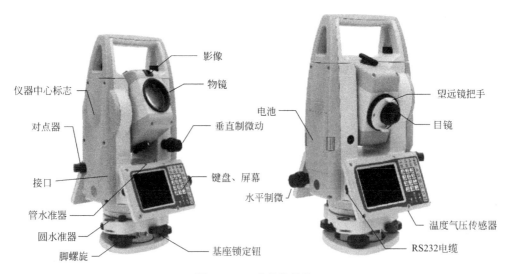

图 2-11-1　全站仪结构

### 2. 利用全站仪测量水平角、竖直角和距离

本实验以南方 NTS-342 全站仪为例，讲解水平角和竖直角测量，以及斜距、平距和高差的测量。

在架设好南方 NTS-342 全站仪之后，打开全站仪，选择"常规"选项，即可进行角度测量和距离测量（图 2-11-2）。

（1）角度测量

在全站仪主界面的"常规"选项中，选择"角度测量"选项，弹出"角度测量"界面（图 2-11-3）。

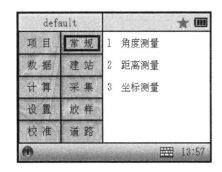

图 2-11-2　南方 NTS-342 全站仪测量主界面

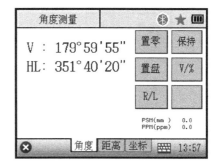

图 2-11-3　南方 NTS-342 全站仪角度测量界面

其中，V：显示垂直角度；HL 或者 HR：显示水平左角或者水平右角；"置零"按钮：将当前水平角度设置为零；"保持"按钮：保持当前角度不变，直到释放为止；"R/L"按钮：水平角显示在左角和右角之间转换；"v/%"按钮：垂直角显示在普通和百分比之间进行切换；"置盘"按钮：通过输入设置当前的角度值。

当选择"置盘"后，进入置盘界面（图 2-11-4），这时候全站仪照准后视，然后输入后视水平角"HL"，即将当前后视设置为该角度。

（2）距离测量

在全站仪主界面的"常规"选项中，选择"距离测量"选项，弹出"距离测量"界面（图 2-11-5）。

图 2-11-4　南方 NTS-342 全站
仪角度测量置盘界面

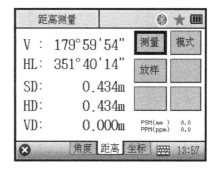

图 2-11-5　南方 NTS-342 全站仪距离
测量界面

其中，SD：显示斜距值；HD：显示水平距离值；VD：显示垂直距离值；"测量"按钮：开始进行距离测量。

### 3. 利用全站仪测量点位坐标。

本实验以南方 NTS-342 全站仪为例，讲解坐标测量。

（1）新建项目

在架设好南方 NTS-342 全站仪之后，打开全站仪，选择"项目"选项，即可新建项目（图 2-11-6），项目文件名建议为"测区_ 测量日期_ 观测员"。

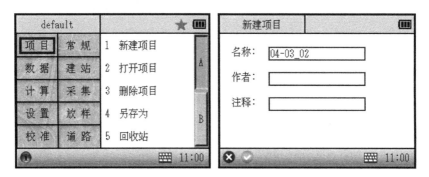

图 2-11-6　新建项目界面

（2）已知点建站

将全站仪架设在已知点上，打开全站仪，选择"建站"选项，然后选择"1 已知点建站"即可进行建站（图 12-11-7）。

全站仪提供已知后视点定向及已知后视方位角定性两种方法进行建站。

① 后视点定向法建站

在后视点定向法建站界面（图 2-11-8）中，输入已知测站点坐标、后视点坐标、仪器高、对中杆高进行设站。

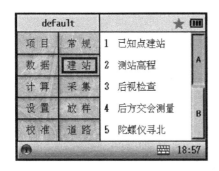

图 2-11-7　已知点建站界面

图 2-11-8　后视点定向法建站界面

其中，测站：输入已知测站点的名称，通过▼可以调用或新建一个已知点做为测站点；仪高：输入当前的仪器高；镜高：输入当前的棱镜高；后视点：输入已知后视点的名称，通过▼可以调用或新建一个已知点做为后视点；当前 HA：显示当前的水平角度；设置：根据当前的输入对后视角度进行设置，如果前面的输入不满足计算或设置要求，将会给出提示。

当实习未提供已知点坐标时，可以先用全站仪测量正北方向点的距离，然后将测站点坐标模拟为 A（1000，2000，50），后视点则为 B（1000+正北方向距离，2000，50）。

② 后视角定向法建站

在后视点定向法建站界面（图 2-11-9）中，输入已知测站点坐标、后视角度、仪器高、对中杆高进行设站。

图 2-11-9 后视角定向法建站界面

其中，测站：输入已知测站点的名称，通过 🔽 可以调用或新建一个已知点做为测站点；仪高：输入当前的仪器高；镜高：输入当前的棱镜高；后视角：输入后视角度值；当前 HA：显示当前的水平角度；设置：根据当前的输入对后视角度进行设置，如果前面的输入不满足计算或设置要求，将会给出提示。

当实习未提供已知点坐标时，可以先将全站仪照准正北方向，然后将测站点坐标模拟为 A（1000，2000，50），后视角则为 0。

（3）后视检查

后视检查主要检查当前的角度值与设站时的方位角是否一致（图 2-11-10）。

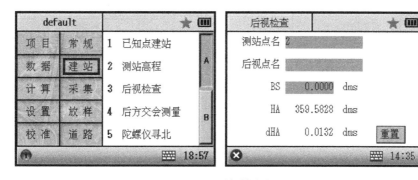

图 2-11-10 后视检查界面

其中，测站点名：显示测站点名；后视点名：显示后视点的点名，如果通过输入后视角度的方式得到的点名此处将显示为空；BS：显示设置的后视点名；HA：显示当前的水平角；dHA：显示 BS 和 HA 两个角度的差值，重点检查此指标；"重置"按钮：将当前的水平角重新设置为后视角度值。

（4）点测量

选择"采集"选项，然后选择"1 点测量"即可进行碎部点的测量（图 2-11-11）。

其中，HA：显示当前的水平角度值；VA：显示当前的垂直角度值；HD：显示测量的水平距离值；VD：显示测量的垂直距离值；SD：显示测量的斜距；点名：输入测量点的点名，每次保存后点名自动加 1；编码：输入或调用测量点的编码；镜高：显示当前的棱

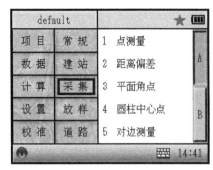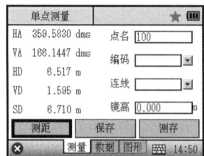

图 2-11-11　点测量界面

镜高度。

（5）数据管理

选择"数据"选项，可以查看当前项目中的原始数据、坐标数据（图 2-11-12、图 2-11-13）等，还可以进行添加、删除、编辑等操作。

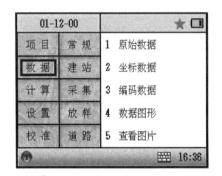

图 2-11-12　数据管理界面

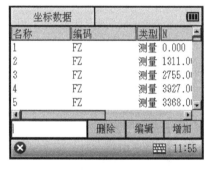

图 2-11-13　坐标数据显示界面

## 四、技术要求

（1）仪器对中误差不大于 1mm。

（2）仪器高和棱镜高量取精确至 1mm。

## 五、注意事项

（1）严禁将仪器直接置于地上，以免砂土对仪器、中心螺旋及螺孔造成损坏。

（2）作业前应仔细、全面检查仪器，确定电源、仪器各项指标、功能、初始设置和改正参数均符合要求后，再进行测量。

（3）在烈日、雨天或潮湿环境下作业时，请务必在测伞的遮掩下进行，以免影响仪器的精度或损坏仪器。此外，在烈日下作业应避免将物镜直接照准太阳，若需要可安装滤光镜。

（4）全站仪是精密仪器，务必小心轻放，不使用时应将其装入箱内，置于干燥处，注意防震、防潮、防尘。

（5）取下电池务必先关闭电源，否则会造成内部线路的损坏。将仪器放入箱内，必须先取下电池并按原布局放置。

（6）外露光学件需要清洁时，应用脱脂棉或镜头纸轻轻擦净，切不可使用其他物品擦拭。

（7）免棱镜型系列全站仪发射光是激光，使用时不能对准眼睛。

## 六、实习上交成果

（1）实验报告。

（2）全站仪角度和距离测量记录表（表2-11-1）。

（3）全站仪碎部点坐标测量记录表（表2-11-2）。

## 七、思考题

（1）全站仪测量点位平面坐标的原理是？

A. 偏角法　　　　B. 极坐标法　　　　C. 距离交会法　　　　D. 角度交会法

（2）全站仪测定点位坐标时，影响点位精度的误差主要有几种？

（3）全站仪建站时，有几种定向方法？

全站仪角度和距离测量记录表

表 2-11-1

日期：_____年____月_____日　天气：_____　气温：_____　气压：_____　仪器编号：_____

观测者：_____　记录者：_____

| 测站 | 目标 | 竖盘位置 | 水平角<br>(°′″) | 竖直角<br>(°′″) | 斜距(m) | 平距(m) | 高差(m) |
|------|------|----------|----------|----------|---------|---------|---------|
|      |      |          |          |          |         |         |         |
|      |      |          |          |          |         |         |         |
|      |      |          |          |          |         |         |         |
|      |      |          |          |          |         |         |         |
|      |      |          |          |          |         |         |         |
|      |      |          |          |          |         |         |         |
|      |      |          |          |          |         |         |         |
|      |      |          |          |          |         |         |         |
|      |      |          |          |          |         |         |         |
|      |      |          |          |          |         |         |         |

全站仪碎部点坐标测量记录表

表 2-11-2

日期：_____年____月_____日　天气：_____　气温：_____　气压：_____　仪器编号：_____

观测者：_____　记录者：_____

| 点号 | $X$ 坐标(m) | $Y$ 坐标(m) | 高程(m) | 点号 | $X$ 坐标(m) | $Y$ 坐标(m) | 高程(m) |
|------|------------|------------|---------|------|------------|------------|---------|
|      |            |            |         |      |            |            |         |
|      |            |            |         |      |            |            |         |
|      |            |            |         |      |            |            |         |
|      |            |            |         |      |            |            |         |
|      |            |            |         |      |            |            |         |
|      |            |            |         |      |            |            |         |

# 实验十二 GPS 接收机的认识与使用

## 一、目的

（1）了解 GPS 接收机的基本结构与性能，各操作部件的名称和作用。

（2）掌握 GPS 接收机的安置方法。

（3）掌握南方 S86 GPS 电台方式碎部点测量方法。

## 二、实验仪器

南方 GPS 接收机 2 台、对中杆 1 个、脚架 1 个、基座 1 个、钢卷尺 1 个、配套的接收机手簿 1 个。

## 三、实验方法及步骤

### 1. GPS 接收机的认识

GPS 接收机基准站和移动站两大部分组成。以南方内置电台模式 GPS 接收机为例，其构造如图 2-12-1 所示。其中，基准站 GPS 接收机包括 GPS 接收机主机、三脚架、基座、天线、UHF 发射天线、量高尺和测高片等各个部件；移动站 GPS 接收机包括 GPS 接收机主机、对中杆、UHF 接收天线、手薄等各个部件。

以中海达外置电台模式 GPS 接收机为例，其构造如图 2-12-2 所示。其中，基准站 GPS 接收机包括 GPS 接收机主机、三脚架、基座、吸盘式发射天线、外挂电台、蓄电池、量高尺和测高片等各个部件；移动站 GPS 接收机包括 GPS 接收机主机、对中杆、UHF 接收天线、手薄等各个部件。

### 2. GPS 内置电台基站模式点位测量

本实验以南方 S86 GPS 为例，讲解如何利用内置电台基站模式进行点位测量。

（1）基准站架设及设置

基准站架设好后，安装内置电台 UHF 发射天线，接着进行基准站设置。

① 基准站模式设置

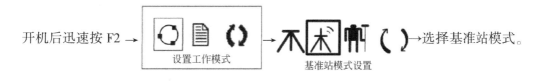

② 差分格式设置

设置基准站工作模式之后，马上弹出差分格式设置对话框，如图 2-12-3 所示。差分格式任意选择，但是当移动站设置时，必须和基准站一致。

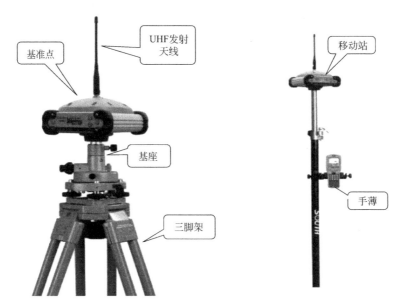

图 2-12-1　南方内置电台模式 GPS 接收机结构

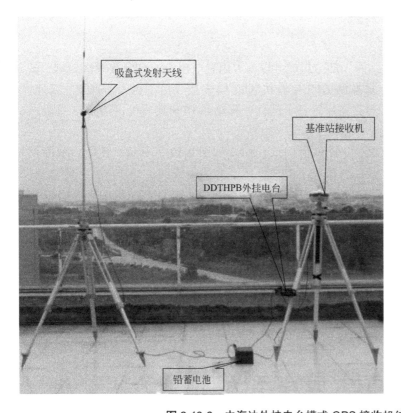

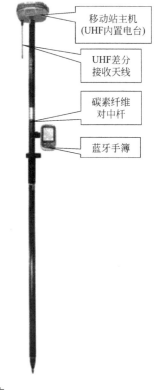

图 2-12-2　中海达外挂电台模式 GPS 接收机结构

③ 电台模块设置
④ 启动基准站

差分格式: CMR
发射间隔: 1
记录数据: 是

开始　修改　退出

图 2-12-3　差分格式设置对话框

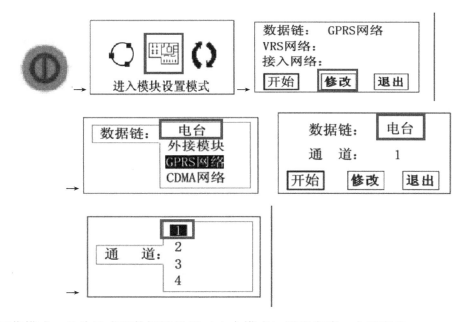

工作模式、差分格式及数据链设置（电台模式）设置完毕，之后弹出

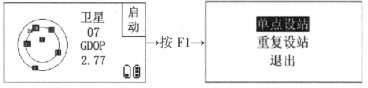

如果之前没有保存基准站信息，选择"单点设站"，然后按"开机键"之后，即可启动基准站。

（2）移动站架设

确认基准站发射成功后，即可开始移动站的架设。步骤如下：

① 将接收机设置为移动站电台模式；

② 打开移动站主机，将其并固定在碳纤对中杆上面，拧上 UHF 差分天线；

③ 安装好手簿托架和手簿。

（3）移动站设置

① 移动站模式设置

开机后，检查是否为移动站模式，不是则迅速按"F2"设置工作模式为"移动站模式"。

② 差分格式设置

设置移动站工作模式之后，马上弹出差分格式设置对话框，移动站差分格式必须和基准站一致。

③ 电台工作模式设置

电台通道要与如基准站通道一致。

（4）工程之星 3.0 数据采集

① 手簿与移动站连接设置

长按手簿 ENTER 键开机→点击右下角蓝牙标志→查看出现的蓝牙设备名称与 S86 移动站条形码标签是否相符，如果没有点击"搜索（S）"→选择蓝牙设备→在弹出的服务组中看"ASYNC"列中的端口是否为"COM7"，不是或为空时，双击"端口"列，选择"活动（A）"→"OK"。

② 启动工程之星 3.0

工程之星 3.0 运行之后，软件首先会让移动站主机自动去匹配基准站发射时使用的通道。如果接收到差分信息，状态栏会出现固定解。

如果出现打开端口失败，则需要进行电台设置，选择"工具"→"电台设置"→在"切换通道号"后选择与基准站电台相同的通道→点击"切换"（图 2-12-4）。

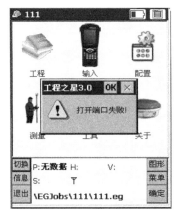

图 2-12-4　GPS 端口配置

选择手簿蓝牙管理器与 GPS 配置好的端口号，点击确定即可连接，连接成功后显示接收到差分信号且状态变为固定解。这样就可以新建作业了。

③ 新建工程

在新建工程界面中，输入工程名称，单击"确定"（图 2-12-5）。

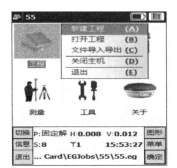

图 2-12-5　新建工程对话框

　　新建工程后，自动进入参数设置向导（图2-12-6），在参数设置对话框中点击"编辑"按钮先设置坐标系统，首次作业先新增坐标系统，点击"增加"，在弹出的对话框中，输入参数系统名称，可自定一个当地参数系统名称；接着选择椭球名称；然后输入3度带中央子午线；最后确认东加常数为500000。

　　水平和高程参数先不填，建好工程后通过"求转换参数"功能自动获得参数。

图2-12-6　坐标系参数设置对话框

　　④ 坐标校正（两点校正）

　　首先利用"测量"→"点测量"→"平滑"工具测量两个已知控制点A、B的WGS84坐标。接着利用两个已知控制点A、B的WGS84坐标和对应的已知坐标进行两点校正。

　　点击"输入"→"求转换参数"，在弹出的校正点计算对话框（图2-12-7）中，首先增加第一个控制点的已知坐标及WGS84坐标。或者直接在坐标管理库选择所需的控制点（图2-12-7）。

　　重复上面的步骤，增加第二个校正点，然后向右拖动滚动条查看水平精度和高程精度，查看确定无误后，"保存"（图2-12-8）。

　　参数计算结果是否符合精度要求，还可以通过以下方式检查校正结果：点击"配置"→"坐标系设置"→"水平"，看"比例"是否接近1；测第三个点的坐标，看是否正确。

　　⑤ 数据采集

　　点击"测量"→"点测量"进入测量界面（图2-12-9），当碳纤杆气泡居中，并且出现"固定解"后开始测量，在弹出的对话框中输入天线高，选择杆高，当状态为固定解时，按回车键进行保存。

　　双击B键或在"输入"→"坐标管理库"中可以查看测量点坐标。

　　⑥ 测量数据导出

　　选择"工程"→"文件导入导出"→"文件导出"（图2-12-10），选择导出文件类型，并输入文件名导出数据。接着将数据文件复制到电脑上。

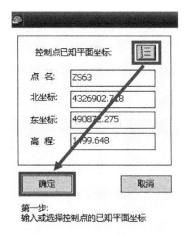

第一步:
输入或选择控制点的已知平面坐标

第二步:
增加控制点的经纬度坐标,可以通过
以上几种方式

绿色:平面 黄色:经纬度 蓝色:空间直角

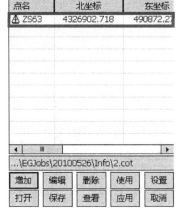

图 2-12-7 增加第一个校正点

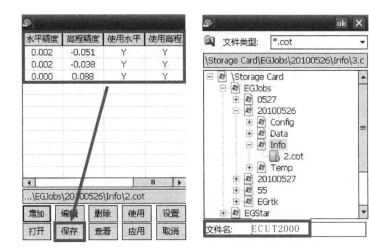

图 2-12-8 校正结果检验及保存

图 2-12-9　数据采集操作

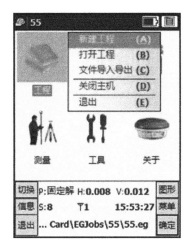

图 2-12-10　测量数据导出

## 四、技术要求

（1）基准站视场内周围障碍物的高度角应不大于 15°。

（2）采用单基站观测时，必须检验周边已有同等级以上控制点。检验高等级控制点，其平面点位互差不超过 5cm，高程互差不超过 4cm；检验同等级控制点，其平面点位互差不超过 7cm，高程互差不超过 5cm。（土木自主实验 P30，需复核）

考虑改成：（1）为保证精度，应用分布均匀的 3 个已经点计算四参数。

（3）计算的参数（$X$ 平移、$Y$ 平移、旋转角度、尺度 $K$）四个值中要求 $K$ 值无限接近 1。

## 五、注意事项

（1）基准站一定要架设在视野比较开阔，周围环境比较空旷的地方，地势比较高的地方；避免架在高压输变电设备附近、无线电通信设备收发天线旁边、树荫下以及水边。

（2）基准站在观测期间防止接收机震动，更不能移动，要防止人员或其他物体碰触天线或阻挡信号。

## 六、实习上交成果

（1）实验报告。

（2）GPS 碎部点坐标测量记录表 2-12-1。

## 七、思考题

（1）与常规测量相比较，GPS 测量有哪些优点？

（2）载波相位实时差分（RTK）定位系统由哪几部分组成？

（3）GPS 内置电台基站模式点位测量基准站和移动站分别要进行什么设置？

（4）GPS 观测时，周围障碍物的高度角应不大于多少度？

（5）采用两个已知点进行坐标校正时，如何检验校正的精度？

## GPS 碎部点坐标测量记录表

表 2-12-1

日期：＿＿＿年＿＿月＿＿＿日  天气：＿＿＿＿  气温：＿＿＿＿  气压：＿＿＿＿

仪器编号：＿＿＿＿  观测者：＿＿＿＿＿＿  记录者：＿＿＿＿＿＿＿

| 点号 | $X$ 坐标（m） | $Y$ 坐标（m） | 高程（m） | 点号 | $X$ 坐标（m） | $Y$ 坐标（m） | 高程（m） |
|------|------|------|------|------|------|------|------|
|  |  |  |  |  |  |  |  |
|  |  |  |  |  |  |  |  |
|  |  |  |  |  |  |  |  |
|  |  |  |  |  |  |  |  |
|  |  |  |  |  |  |  |  |

# 实验十三　GPS 控制测量

## 一、实验目的

（1）掌握 GPS 外业静态测量的方法。
（2）掌握 GPS 静态数据处理方法。

## 二、实验仪器

GPS 接收机 1 套（包括 GPS 主机 1 个、脚架 1 个、基座 1 个、钢卷尺 1 个、配套的接收机手簿 1 个）。

## 三、实验方法及步骤

本实验以中海达 GPS 接收机及中海达 GPS 数据处理软件 HGO 为例，讲解如何进行 GPS 外业静态测量及静态数据处理。

### 1. 外业观测

（1）仪器架设

GPS 控制点测量之前，要求各组同时到达各自相应的测量控制点。然后架设仪器，对中，整平。

（2）量取仪器高

仪器高用钢卷尺量测标志点到仪器测量基准件的上边处，共量测三次，每次相隔 120°左右，取 3 次测量的平均值作为最终值，并记录在手簿上（图 2-13-1）。

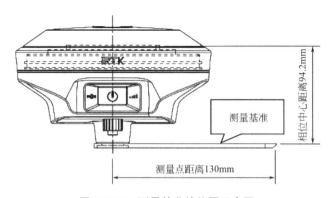

图 2-13-1　测量基准件位置示意图

（3）记录点名、仪器号、仪器高以及开始观测时间。

（4）观测

按照规程要求，GPS 控制测量时各测站应满足下列要求：观测模式设为静态观测，卫星截止高度角≥15°，有效观测卫星颗数≥4，观测时段长度≥60min，时段数≥1，数据采集间隔20s，天线安置对中误差≤1mm，两次丈量天线高之差≤3mm，PDOP≤8，任一卫星有效观测时间≥15min。

采用中海达GPS进行控制测量时，各组同时开机（相差间隔不超过5min），设置主机为静态测量模式，设置采样间隔5s，高度角可设置为5°～15°。以iRTK2为例，开机后双击按钮进入基准站、移动站、静态等工作模式切换，切换到静态模式后单击按钮确认。设置成功后红色状态灯隔几秒闪烁一次便采集一个历元。采集到的静态测量数据保存在GPS主机内存卡中。

工作模式切换，也可以通过手簿切换。打开手簿上的Hi-Survey软件，在设备选项卡中，首先连接手簿到GPS主机上，然后双击"辅助功能"，可进入手簿静态观测模块（图2-13-2）。在"辅助功能"模块中，点击"静态采集设置"，设置采样间隔、静态文件文件名、截止高度角及斜高，之后点击"开始"按钮，GPS主机立即开始观测。

图2-13-2　中海达静态观测参数设置

观测结束后，在"辅助功能"模块中，点击"静态文件管理"即可查看静态观测文件信息（图2-13-3）。

图2-13-3　中海达GPS静态文件管理

（5）观测结束后，记录关机时间。

**2. 数据传输**

用随机数据线将 GPS 主机连接到电脑，电脑会显示有一个 U 盘，打开并进行文件复制，导入采集文件，选择存放的目标目录。复制之后及时修改静态数据文件的文件名（图 2-13-4）。

图 2-13-4　静态数据文件改名界面

静态数据文件名说明：

编辑以前：＿1112060. GNS，编辑以后：GP012060. GNS

其中第 1-4 位：编辑以前，＿是标识符，111 是仪器编号后三位。

编辑以后，GP01 为点名，不足四位用－补齐。

第 5-7 位：年积日，代表采集时间从 1 月 1 日算起，是今年第 206 天

第 8 位：第 206 天，当天采集的第 0 个文件。

文件后缀名：. GNS

**3. 静态数据处理**

采用中海达静态数据处理软件 HGO 进行 GPS 基线向量解算和 GPS 网平差。

（1）新建工程及基本设置

① 点击项目选项卡→"新建项目"，输入项目名称（图 2-13-5）。

图 2-13-5　新建工程对话框

② 项目属性设置

新建项目完毕，立即弹出"项目属性"对话框，首先输入测量单位、施工单位、责任人、测量员及项目开始和结束时间等基本属性信息，之后所有信息都会显示在网平差报告中。

接着设置限差，控制等级可以设置为 E 级或者是其他等级，由于 E 级测量允许的误差比较大，所以实习一般选用 E 级（图 2-13-6）。

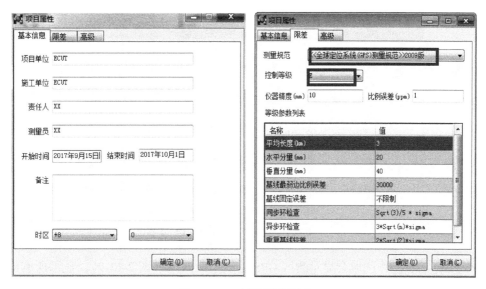

图 2-13-6　项目属性设置

③ 坐标系统设置

项目属性设置完毕，立即弹出如图 2-13-7 所示"坐标系统"设置对话框，在该对话框中需要设置椭球、投影等参数。

在"椭球"选项卡中，因为 GPS 采集数据时是基于 WGS-84 椭球的，所以源椭球为 WGS-84，当地椭球则根据具体工程项目需要选择北京 54，西安 80，CGCS2000；接着设置投影方法，并根据不同的投影带选择中央子午线。

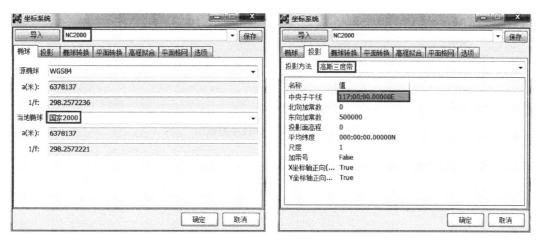

图 2-13-7　坐标系统设置

（2）观测数据导入及编辑

① 导入观测数据

项目创建完成后，需要将野外采集数据调入软件，在"导入"选项卡中，点击"导入数据"，也可以用鼠标左键点击"文件→打开"进入文件选择对话框（图 2-13-8），接着选择原始静态观测文件。

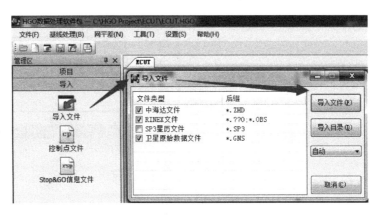

图 2-13-8　文件选择对话框

导入数据后，工作区域会显示测区 GPS 基线平面网图（图 2-13-9），显示所有的 GPS 基线。同时显示文件信息、基线信息、同步环信息、异步环信息、重复基线信息等各种信息。

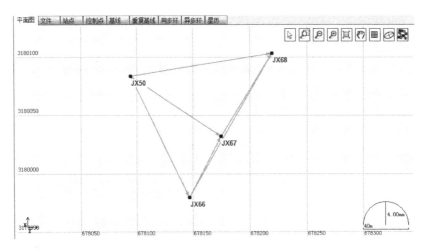

图 2-13-9　GPS 基线平面网图

② 数据信息编辑

当数据加载完成后，用户可在观测文件列表中双击测站文件，然后对各个测站文件的测站名（点名）、量测天线高、天线类型、接收机类型等进行修改，如图 2-13-10 所示。

（3）基线处理

① 基线处理设置

在"处理基线"选项卡中，选择"处理选项"按钮，在弹出的"基线处理设置"，根据外业修改截止高度角和采样间隔等参数（图 2-13-11）。

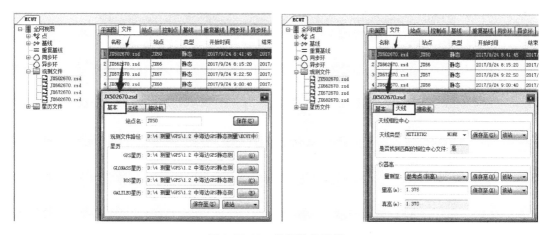

图 2-13-10 数据信息编辑

图 2-13-11 基线解算设置

② 基线处理

基线处理可以单个选择处理，也可以一次性全部处理。如一次性全部处理，单击"处理基线"→"处理全部"，系统会采用默认的基线处理设置，来解算所有的基线向量（图 2-13-12）。

这一解算过程可能等待时间较长，由基线的数目、基线观测时间的长短和基线处理设置决定，处理过程若想中断，点击停止即可。

③ 基线质检及数据修改

首先可以在"单点定位与质检"中，检查观测点的相关信息（图 2-13-13）。

同时检查同步环是否合格，如图 2-13-14 在"同步环"选项卡中某条基线不合格。

对于不合格基线，可以在"基线"选项卡中双击该基线，修改截止高度角、采样间隔等相关参数（图 2-13-15）。

观察其基线残差图，删除质量不佳的部分观测数据（图 2-13-16）。

修改基线相关信息及基线观测数据之后，继续基线解算，直到该基线合格（图 2-13-17）。

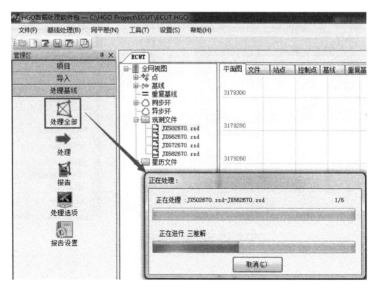

图 2-13-12　GPS 基线处理

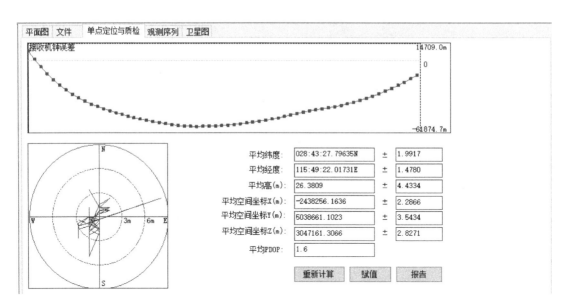

图 2-13-13　基线单点定位与质检选项卡

| | 名称 | 质量 | WX(mm) | WY(mm) | WZ(mm) | WS(mm) | 环总长(m) | 分量限差 (mm) | 总限差 (mm) | 环总 |
|---|---|---|---|---|---|---|---|---|---|---|
| ▶ 1 | 6710-JX50-JX68 #1 | 不合格 | -3.4 | -4.9 | -1.4 | 6.1 | 306.7744 | 3.5 | 6.1 | 20.04 |

图 2-13-14　同步环选项卡

　　再次观察闭合环，若再不合格可对误差较大的基线改变设置或删除部分观测数据的方法重新处理。如果仍然超限，可选择删除基线。直至闭合环符合限差为止。

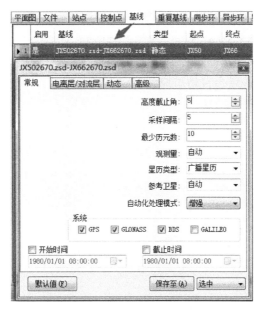

图 2-13-15 修改不合格基线相关信息

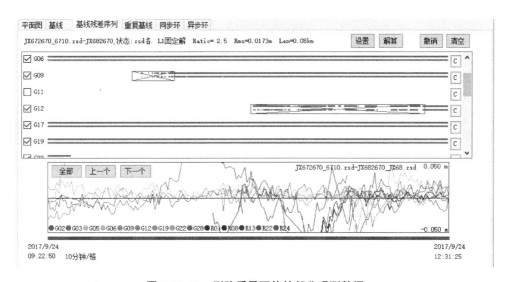

图 2-13-16 删除质量不佳的部分观测数据

| | 启用 | 基线 | 类型 | 起点 | 终点 | 时长 (min) | 状态 | 模型 | Ratio | RMS(m) | DX(m) | DY(m) |
|---|---|---|---|---|---|---|---|---|---|---|---|---|
| 1 | 是 | JX672670_6710.zsd-JX68... | 静态 | 6710 | JX68 | 189 | 合格 | L1固定解 | 2.4 | 0.0173 | -26.9067 | -49.751 |
| 2 | 是 | JX502670_JX50.zsd-JX67... | 静态 | JX50 | 6710 | 188 | 合格 | L1固定解 | 2.2 | 0.0189 | -81.4108 | -14.991 |
| ▶ 3 | 是 | JX502670_JX50.zsd-JX68... | 静态 | JX50 | JX68 | 210 | 合格 | L1固定解 | 1.8 | 0.0191 | -108.3141 | -64.737 |

| | 名称 | 质量 | WX(mm) | WY(mm) | WZ(mm) | WS(mm) | 环总长(m) | 分量限差 (mm) | 总限差 (mm) | 环总 |
|---|---|---|---|---|---|---|---|---|---|---|---|
| ▶ 1 | 6710-JX50-JX68 #1 | 合格 | -1 | -2.3 | 2 | 3.3 | 306.7773 | 3.5 | 6.1 | 10.64 |

图 2-13-17 使基线合格

（4）网平差

① 控制点转入及坐标系输入

在进行网平差之前，首先确定控制点。在全网视图中选择点，在右边工作区域中右击→"转为控制点"，这些点会自动添加到控制点列表中（图 2-13-18），根据实际工作的需要，转入至少 2 个以上的控制点。

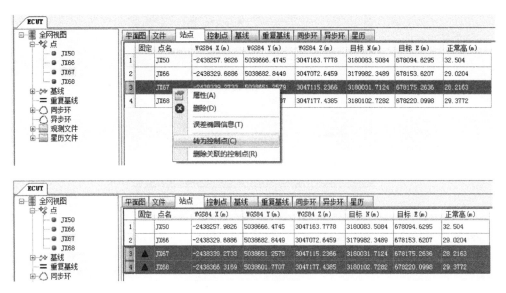

图 2-13-18　控制点转入

在控制点选项卡，双击控制点，在弹出的"控制点"对话框中，输入已知控制点的坐标（图 2-13-19）。

② 网平差前质检

检查同步环是否合格，若不合格则继续修改参数，使得基线面板中 Ratio 值都大于 3（图 2-13-20）。

③ 网平差设置

点击"网平差"→"平差设置"，在弹出的"平差设置"对话框中，可以对平差进行一些参数设置（图 2-13-21）。

④ 网平差

基线处理合格及平差相关设置完毕之后，即可开始网平差设置。点击"网平差"→"平差"，在弹出的平差对话框中，选择平差类型及平差的坐标系之后，可以进行全自动平差，也可以按照需要选择单个平差（图 2-13-22）。平差结束，选择平差结果，然后点击"生成报告"，查看有没

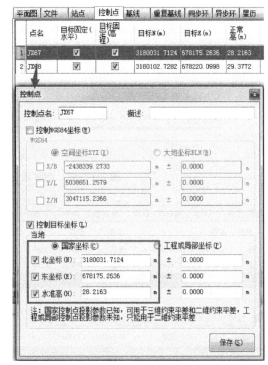

图 2-13-19　输入已知控制点坐标

| | 启用 | 基线 | 类型 | 起点 | 终点 | 时长(min) | 状态 | 模型 | Ratio | RMS(m) |
|---|---|---|---|---|---|---|---|---|---|---|
| 1 | 是 | JX502670.zsd-JX662670.zsd | 静态 | JX50 | JX66 | 229 | 合格 | L1固定解 | 3 | 0.0116 |
| 2 | 是 | JX502670.zsd-JX672670.zsd | 静态 | JX50 | JX67 | 188 | 合格 | L1固定解 | 4.9 | 0.0126 |
| 3 | 是 | JX502670.zsd-JX682670.zsd | 静态 | JX50 | JX68 | 210 | 合格 | L1固定解 | 3.4 | 0.0135 |
| 4 | 是 | JX662670.zsd-JX672670.zsd | 静态 | JX66 | JX67 | 188 | 合格 | L1固定解 | 7.9 | 0.013 |
| 5 | 是 | JX662670.zsd-JX682670.zsd | 静态 | JX66 | JX68 | 210 | 合格 | L1固定解 | 7 | 0.0102 |
| 6 | 是 | JX672670.zsd-JX682670.zsd | 静态 | JX67 | JX68 | 189 | 合格 | L1固定解 | 5.9 | 0.0072 |

图 2-13-20　GPS 基线信息面板

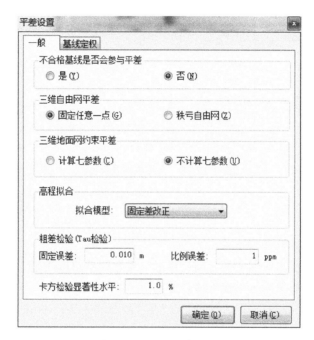

图 2-13-21　平差设置

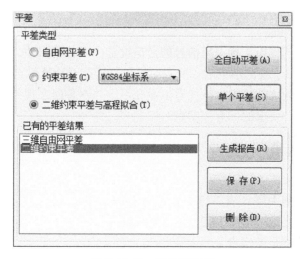

图 2-13-22　平差对话框

75

有合格（图 2-13-23）。

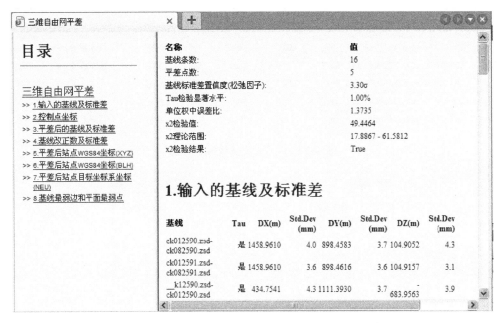

图 2-13-23　网平差报告界面

## 四、技术要求

（1）天线高量取读数精度至 1mm。

（2）观测前后两次天线高，并且两次量取结果之差不超过 3mm。

（3）GPS 接收机连续同步采集时段长度不少于 45min。

## 五、注意事项

（1）网形布设时应注意保证全网的连通性，且网内控制点间至少留一个通视方向。

（2）静态观测过程中，如发现仪器未严格对中，也不准重新调仪器，观测中不准重新开机，开机关机听从调配。

（3）接收机周围不使用干扰卫星信号的通信设备，以减弱误差，接收机周围应当视野开阔，削弱多路径误差。观测结束后，应及时将数据转存至计算机上并备份。

（4）每组静态观测之前要求保持仪器电量充足，并熟悉静态观测的操作。

（5）充分利用符合要求的旧有控制点。

## 六、实习上交成果

（1）实验报告。

（2）GPS 野外观测手簿（表 2-13-1）。

（3）GPS 点位点之记（表 2-13-2）。

（4）GPS 控制测量平差报告。

## GPS 野外观测手簿

表 2-13-1

1. 测站信息：测站名_____ 测站号_____

概略经度：_____°____′____″ 概略纬度：_____°____′____″ 高程：_____

2. 仪器信息：

主机型号_____ S/N_____ PN_____

天线型号_____ S/N_____ PN_____

接收机内置软件版本号_____

3. 测站环视图（示例）：

测站环境说明：_____

_____

4. 观测信息：

观测时间：年份_____ 年积日_____ 至_____

天气状况：_____

5. 天线高量取：

| 年积日 | 读数（m） | | | | 年积日 | 读数（m） | | | |
|---|---|---|---|---|---|---|---|---|---|
| | 1 | 2 | 3 | 平均 | | 1 | 2 | 3 | 平均 |
| | | | | | | | | | |
| | | | | | | | | | |
| | | | | | | | | | |
| | | | | | | | | | |
| | | | | | | | | | |
| | | | | | | | | | |

注：每个位置要测前、测后各量取一次。

6. 备注

| |
|---|

7. 作业人员：小组_____ 观测者_____ 检查者_____ 检查日期_____

GPS 点位点之记　　　　　　　　表 2-13-2

| 点　名 | | 等　级 | | 通视点号 | |
|---|---|---|---|---|---|
| 所在地 | | | | | |
| 地　类 | | | 标　类 | | |
| 点位略图 | | | 交通路线 | | |
| 点位实景图 | | | 点位类型实景图 | | |

选点、埋石情况

| 单　位 | | | | | |
|---|---|---|---|---|---|
| 选点员 | | 埋石员 | | 日　期 | 年　月　日 |
| 备注 | | | | | |

## 七、思考题

（1）GPS 静态观测每个基站天线高要量取几次？限差是多少？

（2）GPS 接收机连续同步采集时段长度有何要求？

（3）GPS 控制网形布设有何要求？

# 实验十四 全站仪控制（导线）测量

## 一、实验目的

（1）掌握全站仪导线测量的作业流程、相关规范。

（2）掌握全站仪导线测量外业观测方法。

（3）掌握全站仪导线测量的内业计算方法。

## 二、实验仪器

全站仪 1 台（包括棱镜、棱镜杆、脚架、数据线）、三脚架 1 个、记录板 1 块，测伞 1 把、锤子、钢钉、钢卷尺。

## 三、实验方法及步骤

### 1. 准备工作

广泛收集测区及其附近已有的控制测量成果和地形图资料。

（1）控制测量资料包括成果表、点之记、展点图、路线图、计算说明和技术总结等。

（2）收集的地形图资料包括测区范围内及周边地区各种比例尺地形图和专业用图，主要查明地图的比例尺、施测年代、作业单位、依据规范、坐标系统、高程系统和成图质量等。

（3）如果收集到的控制资料的坐标系统、高程系统不一致，则应收集、整理这些不同系统间的换算关系。

### 2. 导线测量的等级与技术要求

光电测距导线的主要技术要求见表 2-14-1。

光电测距导线的主要技术要求 表 2-14-1

| 等级 | 测图比例尺 | 附合导线长度/m | 平均边长/m | 测距中误差/mm | 测角中误差/″ | 导线全长相对闭合差 | 测回数 | | 方位角闭合差/″ |
|---|---|---|---|---|---|---|---|---|---|
| | | | | | | | DJ2 | DJ6 | |
| 一级 | | 3600 | 300 | ≤±15 | ≤±5 | ≤1/14000 | 2 | 4 | ≤±10√n |
| 二级 | | 2400 | 200 | ≤±15 | ≤±8 | ≤1/10000 | 1 | 3 | ≤±16√n |
| 三级 | | 1500 | 120 | ≤±15 | ≤±12 | ≤1/6000 | 1 | 2 | ≤±24√n |
| 图根 | 1：500 | 900 | 80 | | | ≤1/4000 | | 1 | ≤±40√n |
| | 1：1000 | 1800 | 150 | | | | | | |
| | 1：2000 | 3000 | 250 | | | | | | |

### 3. 导线测量的外业工作

（1）踏勘选点

在选点前，应先收集测区已有地形图和已有高级控制点的成果资料，将控制点展绘在原有地形图上，然后在地形图上拟定导线布设方案，最后到野外踏勘、核对、修改、落实导线点的位置，并建立标志。

选点时应注意下列事项：

① 相邻点间应相互通视良好，地势平坦，便于测角和量距。

② 点位应选在土质坚实，便于安置仪器和保存标志的地方。

③ 导线点应选在视野开阔的地方，便于碎部测量。

④ 导线边长应大致相等，其平均边长应符合表 2-14-1 的要求。

⑤ 导线点应有足够的密度，分布均匀，便于控制整个测区。

（2）建立标志

① 临时性标志。导线点位置选定后，要在每一点位上打一个木桩，在桩顶钉一小钉，作为点的标志。也可在水泥地面上用红漆划一圆，圆内点一小点，作为临时标志。

② 永久性标志。需要长期保存的导线点应埋设混凝土桩。桩顶嵌入带"＋"字的金属标志，作为永久性标志。

导线点应统一编号。为了便于寻找，应绘制点之记图，量出导线点与附近明显地物的距离，绘出草图，注明尺寸。

（3）导线边长测量

导线边长可用全站仪直接测定。

（4）转折角测量

导线转折角的测量一般采用测回法观测。在附合导线中一般测左角；在闭合导线中，一般测内角；对于支导线，应分别观测左、右角。不同等级导线的测角技术要求详见表 2-14-1。图根导线，可采用全站仪测一测回，当盘左、盘右两半测回角值的较差不超过 $\pm 40''$ 时，取其平均值。

（5）连接测量

导线与高级控制点进行连接，以取得坐标和坐标方位角的起算数据，称为连接测量。如图 2-14-1 所示，A、B 为已知点，1~5 为新布设的导线点，连接测量就是观测连接角 $\beta_B$、$\beta_1$ 和连接边 $D_{B1}$。

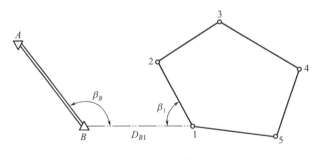

图 2-14-1　导线连测

### 4. 导线测量内业计算

在进行内业计算之前，应全面检查导线测量的外业记录，有无遗漏或记错，是否符合测量的限差和要求，发现问题应及时返工重新测量。

应使用科学计算器进行计算，特别是坐标增量计算可以采用计算器中的程序进行计算。计算时，角度值取至秒，高差、改正数、长度、坐标值取至毫米（mm）。

## 四、技术要求

（1）角度测量时，盘左、盘右两半测回角值的较差不超过±40″。

（2）测前、测后各量一次仪器高度和觇牌高度，2 次互差不得超过 2mm。

## 五、注意事项

（1）导线的边长、两节点的个数都必须满足规范要求。

（2）应在每一个导线点上安置仪器，每一条边都必须满足规范要求。

（3）按相应等级水平角测量的测回数和限差要求测量导线点至前、后两点间的水平角。

（4）测量前要按要求对仪器进行检定、校准，出发前要检查仪器电池的电量。

## 六、上交资料

（1）实验报告。

（2）导线测量外业记录表（表 2-14-2）。

（3）导线坐标计算表（表 2-14-3）。

## 七、思考题

（1）导线的布设有哪几种形式？各有何特点？

（2）导线测量有哪些外业工作？为什么导线点要与高级控制点连接？连接的方法有哪些？

（3）导线计算的目的是什么？计算内容和步骤有哪些？

（4）闭合导线和附合导线计算有哪些异同点？

（5）如何检查导线测量中的错误？

（6）已知闭合导线的观测数据如下，试计算导线点的坐标：

| 导线点号 | 观测值（右角）\n°　′　″ | 坐标方位角 | 坐标 | | |
|---|---|---|---|---|---|
| | | | 边长（m） | x | y |
| 1 | 83 21 45 | 74 20 00 | 92.65 | 200 | 200 |
| 2 | 96 31 30 | | | | |
| | | | 70.71 | | |
| 3 | 176 50 30 | | | | |
| | | | 116.2 | | |
| 4 | 90 37 45 | | | | |
| | | | 74.17 | | |
| 5 | 98 32 45 | | | | |
| | | | 109.85 | | |
| 6 | 174 05 30 | | | | |
| | | | 84.57 | | |
| 1 | | | | | |

## 导线测量外业记录表 表 2-14-2

日期：_____年_____月_____日 天气：_____ 仪器编号：_____

观测者：_____ 记录者：_____

| 测站 | 盘位 | 目标 | 水平度盘读数 ° ′ ″ | 水平角 半测回值 ° ′ ″ | 水平角 一测回值 ° ′ ″ | 距离 | 平距 |
|---|---|---|---|---|---|---|---|
| B | 左 | A | （1） | （5）=（2）-（1） | （7）=［（5）+（6）］/2 | （8） | （12）=［（8）+（11）］/2 |
| | | C | （2） | | | （9） | （13）=［（9）+（10）］/2 |
| | 右 | C | （3） | （6）=（4）-（3） | | （10） | |
| | | A | （4） | | | （11） | |
| | | | | | | | |
| | | | | | | | |
| | | | | | | | |
| | | | | | | | |
| | | | | | | | |
| | | | | | | | |
| | | | | | | | |
| | | | | | | | |
| | | | | | | | |
| | | | | | | | |
| | | | | | | | |
| | | | | | | | |
| | | | | | | | |
| | | | | | | | |
| | | | | | | | |
| | | | | | | | |
| | | | | | | | |
| | | | | | | | |

导线坐标计算表　　　　　　　　　　　　　　　　　　表 2-14-3

| 点号 | 观测角 /° ′ ″ | 改正数 /″ | 改正后的角值 /° ′ ″ | 坐标方位角 /° ′ ″ | 边长 /m | 增量计算值 | | 改正后的增量值 | | 坐标 | |
|---|---|---|---|---|---|---|---|---|---|---|---|
| | | | | | | $\Delta x'$/m | $\Delta y'$/m | $\Delta x$/m | $\Delta y$/m | $x$/m | $y$/m |
| 1 | 2 | 3 | 4 | 5 | 6 | 7 | 8 | 9 | 10 | 11 | 12 |
| | | | | | | | | | | | |
| | | | | | | | | | | | |
| | | | | | | | | | | | |
| | | | | | | | | | | | |
| | | | | | | | | | | | |
| | | | | | | | | | | | |
| | | | | | | | | | | | |
| | | | | | | | | | | | |
| Σ | | | | | | | | | | | |

| 辅助计算 | 角度限差计算: $f=$　　　　　　　　　　　　 $f_{\beta容}=\pm20''\sqrt{n}$（二级导线）（或 $\pm40''\sqrt{n}$）$=$ <br> 导线全长相对计算: $f_x=$　　　　 $f_y=$　　　　导线全长闭合差 $f=\sqrt{f_x^2+f_y^2}=$ <br> 导线全长相对闭合差 $K=\dfrac{f}{\sum D}=$ _____　　导线全长相对闭合差限差 $\dfrac{1}{10000}$ 或 $\dfrac{1}{4000}=$ | 导线略图 |
|---|---|---|

83

# 实验十五　全站仪碎部测量

## 一、实验目的

（1）学习中海达 ZTS-121 全站仪基本操作方法。

（2）掌握中海达 ZTS-121 全站仪碎部测量的方法。

（3）掌握中海达 ZTS-121 全站仪数据传输的方法。

## 二、实验仪器

全站仪 1 台、三脚架 1 个、棱镜 1 个、棱镜杆 1 根、记录板 1 块、测伞 1 把。

## 三、实验方法及步骤

本节以中海达 ZTS-121 全站仪为例，介绍如何进行碎部测量。

### 1. 中海达 ZTS-121 全站仪碎部测量

（1）对中：按星（★）键，弹出对中操作界面（图 2-15-1），根据提示操作。

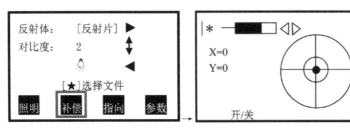

图 2-15-1　对中操作界面

（2）新建文件：依次点击"MENU"→"文件管理"→"文件维护"，在弹出界面（图 2-15-2）进行新建文件操作，一般新建测量文件即可，必要时也可新建坐标文件。

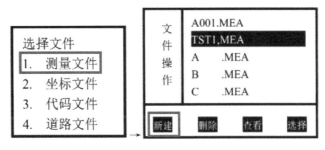

图 2-15-2　新建文件对话框

（3）数据采集：数据采集界面（对话框）如图 2-15-3 所示。

① 选择文件，选择必需的测量文件、坐标文件及编码文件。

② 设置测站点：第一次选择"输入"、控制点已经测量选择"测出点"，也可从坐标文件中选择"已知"，全部输入完毕，按硬键"ENT"（图 2-15-4）。

图 2-15-3　数据采集步骤　　　　　　　图 2-15-4　测站设置对话框

③ 设置后视点

后视点可以选择手工输入，也可以从已经测量选择调用"测出点"，或者从坐标文件中调用"已知"。

按"检查"可以对后视点进行测量，检查结果（图 2-15-5），合格后按"保存"。

④ 设置方位角：该功能与设置后视点是同样的目的，只是该功能是在后视点的方位角已知的情况下才可进行的。直接瞄准后视点输入后视方位角即可。一次建站只需选择"设置后视点"和"设置方位角"之一，用于后视定向即可。在自由坐标系下，一般第一次，设置方位角为"0"，之后每次选择"设置后视点"。

⑤ 采集数据

一般定完向后，想查看坐标，则选择"观测"→"记录"，之后可以选择"测存"（图 2-15-6），其中"ENT"键将坐标信息保存到测量文件，★键将坐标信息同时保存到测量文件和坐标文件，数据采集过程中，可以按星（★）键进行免棱镜/有棱镜切换。

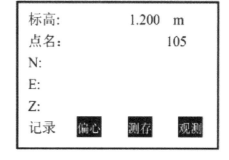

图 2-15-5　后视点检查界面　　　　　　图 2-15-6　采集数据对话框

## 2. 中海达全站仪数据传输

（1）全站仪数据导出到计算机

中海达全站仪提供 U 盘和数据线两种方式传输数据。以 U 盘方式传输数据为例，将 U 盘插入到全站仪，全站仪操作界面上选择"文件管理"→"文件导出"→"导出到USB"，电脑上双击运行如图 2-15-7（a）所示的"全站仪传输软件 V1.1.0"软件，会出现如图 2-15-7 所示的界面。在"文件传输"下拉列表中选择"测量文件"类型，单击"打开"按钮。

(a)

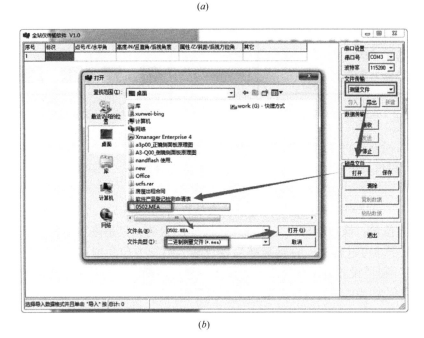

(b)

图 2-15-7　电脑端打开外业测量文件

（2）导出测量数据文件为 CASS 格式数据文件

打开中海达电脑端数据传输软件，将坐标文件导出，格式选择"4）PT，PO，N，E，Z"即为 CASS 格式数据文件（图 2-15-8）。

## 四、技术要求

（1）全站仪后视点检查中，水平距离差值不大于 0.05m。

（2）全站仪后视点检查中，高程差值不大于 0.05m。

（3）相邻地物点间距的总误差小于 0.15m。

（4）高程注记点相对于临近图根点的高程中误差小于测图比例尺基本等高距的 1/3（0.15m）。

（5）点位中误差小于 0.15m。

## 五、注意事项

（1）全站仪碎部测量前，一定要进行后视点检查，误差超限将导致本站所测碎部点全部不合格。

（2）全站仪定向后，可用第三个已知点进行复核。

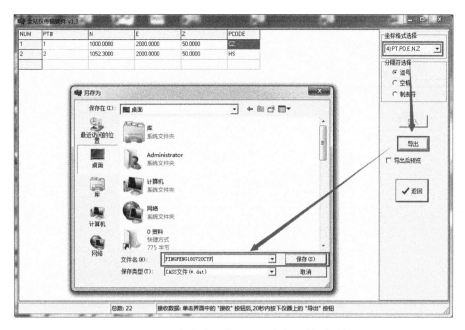

图 2-15-8 电脑端导出 CASS 数据文件对话框

## 六、实习上交成果

（1）实验报告。

（2）外业实习草图（图 2-15-9）。

（3）全站仪碎部测量 DAT 文件。

## 七、思考题

（1）用全站仪碎部测量时，影响点位精度的误差主要有哪些？

（2）全站仪碎部测量时，安置好仪器后，在测量碎部点之前要做哪些工作？为什么要先对后视？

（3）全站仪测量点位平面坐标的原理是什么？

（4）中海达全站仪提供了几种数据传输方式进行数据传输，各有什么优缺点？

日期：_____年_____月_____日　天气：_____　全站仪编号：_____

观测者：_____　草图员：_____　立尺员：_____

测站点名：_____　坐标：$x=$_____　$y=$_____　$H=$_____　仪器高：$i=$_____

后视点名：_____　坐标：$x=$_____　$y=$_____　$H=$_____　镜高：$v=$_____

北
↑

说明：①请使用2H铅笔记录与绘图，草图定位应坐南朝北；②观测员每观测10个点应与绘图员对一次点号；③搬站时应更换表格。

**图 2-15-9　全站仪草图法数字测图_ 草图手簿**

# 实验十六　　GPS 碎部测量

## 一、实验目的

（1）学习中海达 GPS 仪基本操作方法。
（2）掌握中海达 GPS 碎部测量的方法。
（3）掌握中海达 GPS 数据传输的方法。

## 二、实验仪器

GPS 接收机 1 套（包括 GPS 主机 1 个、对中杆 1 根、基座 1 个、钢卷尺 1 个、配套的接收机手簿 1 个）。

## 三、实验方法及步骤

本节以中海达 GPS 为例，讲解 GPS 碎部测量的方法，手簿软件为 Hi-Survey。

### 1. 新建项目

点击"项目"，再点击"项目信息"新建项目，建完单击"确定"（图 2-16-1）。

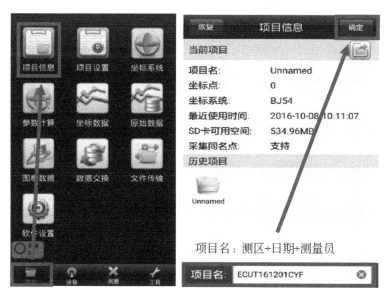

图 2-16-1　新建项目设置

### 2. 坐标系设置

以新建西安 80 坐标系为例，新建工程文件后，点击"项目信息"，在"系统"里面，进行自定义坐标系（图 2-16-2）。

图 2-16-2　自定义坐标系界面

① 投影设置

在自定义坐标系里，首先进行投影设置，主要设置"系统名"、"中央子午线"以及是否"加带号"（图 2-16-3）。

图 2-16-3　投影设置

② 基准面设置

基准面设置主要设置源椭球及目标椭球，源椭球选择基站发射查分数据的格式，如千寻位置的 8002 端口对应 WGS84 坐标，源椭球选择"WGS84"；千寻位置的 8003 端口对应 CGCS2000 坐标系，源椭球选择"国家 2000"（图 2-16-4）。

**3. 设备连接**

手簿开机后，在 Hi-Survey 中，点击"设备"，进入蓝牙连接 GPS 主机界面（图 2-16-5），连接 GPS 主机。

图 2-16-4　基准面设置

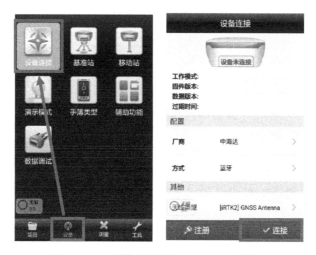

图 2-16-5　手簿蓝牙连接 GPS 主机设置 1

### 4. 移动站设置

主要进行数据链设置，点击"移动站"，设置"数据链"（图 2-16-6）。

图 2-16-6　数据链设置

数据链一共有四种模式，内置电台，内置网络，外部数据链和手簿差分。

如果采用"手簿差分"模式，则手机需先打开 WIFI 热点，测量手簿连接手机 WIFI。以 CORS 方式测量为例，服务器选择"CORS"，然后输入 IP 地址、端口、源节点、用户名和密码（图 2-16-7）。

图 2-16-7　移动站数据链设置

### 5. 求转换参数

（1）采集已知控制点 WGS84 坐标

点击测量→碎部测量→对中整平（固定解）→点击屏幕上的 ～ 平滑采集，之后修改点名目标高，保存，如图所示。保存时注意一定要修改模标高（天线高）（图 2-16-8）。

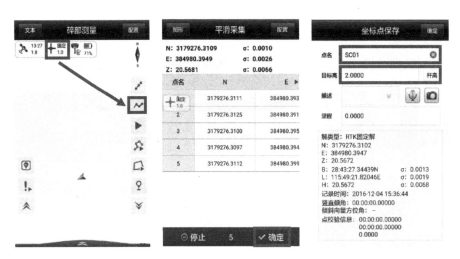

图 2-16-8　采集已知控制点 WGS84 坐标

（2）添加控制点对应已知坐标

点击"坐标数据"添加两个控制点对应的已知坐标（图 2-16-9）。

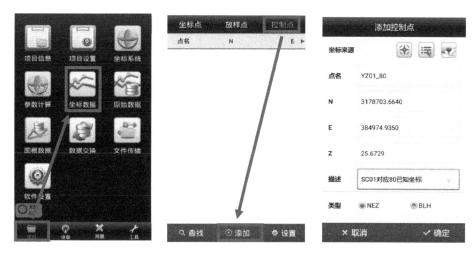

图 2-16-9　添加控制点对应已知坐标

（3）求转换参数

点击"项目"→"参数计算"，"计算类型"选择"四参数+高程拟合"→"添加"
（图 2-16-10）。

图 2-16-10　添加点对坐标求转换参数

在点对坐标信息对话框中，包括源点部分和目标点部分，其中：

源点部分：源点坐标为源椭球下已知控制点坐标，可以点击现场直接采集；也可
以先采集之后点击图上的调用，所采集的已知控制点坐标。

目标点部分：目标点坐标为目标椭球下对应点的已知坐标，可以直接输入或者点击图
上的调用。

根据项目需要按照图 2-16-11 流程分别输入两个以上点对坐标信息。

点击计算后出现参数计算结果的界面（图 2-16-12），仔细检验参数，要求：

① 四参数中旋转接近 0°；

图 2-16-11　输入点对坐标（SC01 和 YZ01_ 80）

　　② 四参数中尺度要求无限接近于 1，一般为 0.9999××××或者 1.0000××××的数，如果少于 4 个 9 或者 4 个 0 说明两个点的相对关系不好（图 2-16-12）。

　　也可以实测控制点坐标，进行检验。当精度符合要求时，就可以将该参数应用于本工程。

### 6. 碎部点测量

　　采集碎部点坐标，对中整平之后，显示固定解，即可测量（图 2-16-13）。

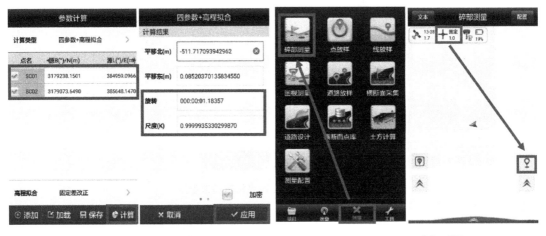

图 2-16-12　参数计算　　　　　　　　图 2-16-13　碎部测量

### 7. 碎部点数据的浏览、编辑和导出

（1）碎部点数据的浏览

　　所采集的碎部点坐标可以到"项目"→"坐标数据"中查询；"坐标数据"中的"坐标点"坐标只能查看和显示（图 2-16-14），以及编辑坐标点的"描述"，不允许"添加"或"删除"。

（2）数据的导出

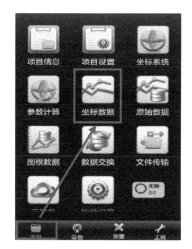

图 2-16-14　碎部点数据的浏览

　　点击"项目"→"数据交换"→选择导出的格式和导出文件名，如图 2-16-15 所示，导出数据时注意选择格式，南方数据格式就选择"∗.dat"。

　　用手簿 USB 数据线线连接电脑主机，在电脑端"/可移动磁盘/ZHD/OUT"目录下，将文件复制文件到电脑里（图 2-16-16）。

图 2-16-15　测量数据的导出

图 2-16-16　导出的 GPS 测量数据

## 四、技术要求

　　（1）GPS 两点校正后，四参数中旋转参数接近 0°；尺度参数要求无限接近于 1，一般为 0.9999××××或者 1.0000××××的数。

　　（2）相邻地物点间距的总误差小于 0.15m。

　　（3）高程注记点相对于临近图根点的高程中误差小于测图比例尺基本等高距的 1/3（0.15m）。

　　（4）点位中误差小于 0.15m。

## 五、注意事项

（1）投影设置中中央子午线不能设置错误。

（2）采集的坐标点保存时注意设置的杆高数据和实际保持一致。

（3）GPS 两点校正后后，可用第三个已知点进行复核。

## 六、实习上交成果

（1）实验报告。

（2）外业实习草图（图 2-16-17）。

（3）GPS 碎部测量 DAT 文件。

## 七、思考题

（1）中海达 GPS 提供了几种数据链方式连接基准站，各有什么特点？

（2）RTK 解的状态有几种？

（3）常见的差分数据格式有几种？

日期：_____年_____月_____日　天气：_____　GPS 编号：_____

观测者：_____　草图员：_____　立尺员：_____

北
↑

说明：①请使用 2H 铅笔记录与绘图，草图定位应坐南朝北；②观测员每观测 10 个点应与绘图员对一次点号，③搬站时应更换表格；④表格不够可以复印！

**图 2-16-17　GPS 草图法数字测图草图手簿**

# 实验十七　数字地形图绘制

## 一、实验目的

（1）了解数字地形图绘制的主要步骤。

（2）学会使用 CASS9.1 进行数字地形图的绘制。

## 二、实验仪器

计算机 1 台、AutoCAD2006 软件 1 套、CASS9.1 软件 1 套。

## 三、实验方法及步骤

本实验利用 AutoCAD2006 软件及数字化成图软件 CASS9.1 绘制数字地形图（图 2-17-1）。实验示例数据为 "C：\ CASS 9.0 \ DEMO \ STUDY. DAT"。

> 展野外测点点号
> 展野外测点代码
> 展野外测点点位
> 切换展点注记

图 2-17-1　选择"展野外测点点号"

### 1. 展点

选择"绘图处理"菜单下的"展野外测点点号"项（图 2-17-2），在弹出的对话框中输入对应的坐标数据文件名 C：\ CASS 9.0 \ DEMO \ STUDY. DAT 后，便可在屏幕上展出野外测点的点号。

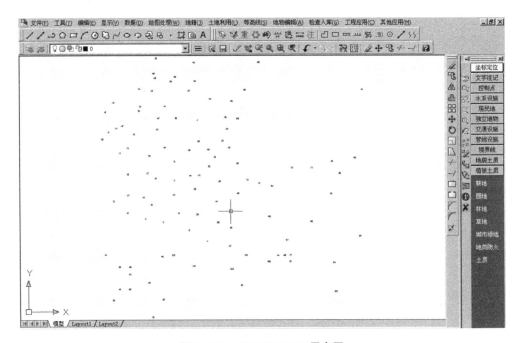

图 2-17-2　STUDY. DAT 展点图

如测点点号没有在 CASS 窗口，可以先选择"绘图处理"菜单下的"定显示区"，先定显示区。

**2. 地物绘制**

（1）道路绘制

选择右侧屏幕菜单的"交通设施"按钮，弹出如图 2-17-3 所示的界面。

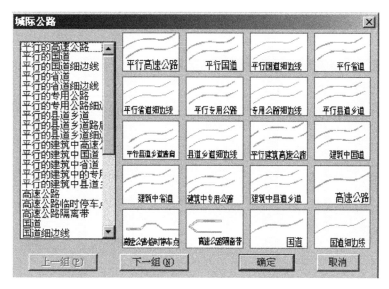

图 2-17-3　选择屏幕菜单"交通设施/城际公路"

找到"平行高速公路"并选中，再点击"OK"，命令区提示：

绘图比例尺 1：输入 500，回车。

点 P/<点号>输入 92 或者直接选取点位，回车。之后依次选择 45、46、13、47、48，最后回车。

拟合线<N>? 输入 Y，回车。

说明：输入 Y，将该边拟合成光滑曲线；输入 N（缺省为 N），则不拟合该线。

1. 边点式/2. 边宽式<1>：回车（默认 1）

说明：选 1（缺省为 1），将要求输入公路对边上的一个测点；选 2，要求输入公路宽度。

点 P/<点号>输入 19，回车。

这时平行高速公路就绘制好了。

（2）房屋绘制

下面绘制一个多点房屋。选择右侧屏幕菜单的"居民地/一般房屋"选项，弹出如图 2-17-4 所示界面。

先用鼠标左键选择"多点混凝土房屋"，再点击"OK"按钮。命令区提示：

第一点：

点 P/<点号>输入 49，回车。

指定点：

点 P/<点号>输入 50，回车。

闭合 C/隔一闭合 G/隔一点 J/微导线 A/曲线 Q/边长交会 B/回退 U/点 P/<点号>输入 51，回车。

闭合 C/隔一闭合 G/隔一点 J/微导线 A/曲线 Q/边长交会 B/回退 U/点 P/<点号>输入 J，回车。

点 P/<点号>输入 52，回车。

闭合 C/隔一闭合 G/隔一点 J/微导线 A/曲线 Q/边长交会 B/回退 U/点 P/<点号>输入 53，回车。

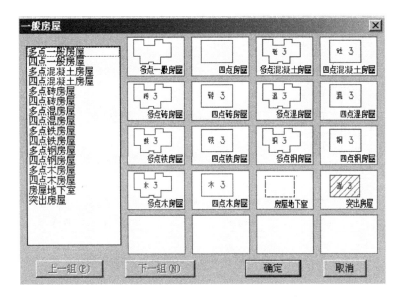

图 2-17-4　选择屏幕菜单"居民地/一般房屋"

闭合 C/隔一闭合 G/隔一点 J/微导线 A/曲线 Q/边长交会 B/回退 U/点 P/<点号>输入 C，回车。

输入层数：<1>回车（默认输 1 层）。

（3）其他地物绘制

类似以上操作，分别利用右侧屏幕菜单绘制其他地物。

在"居民地"菜单中，用 3、39、16 三点完成利用三点绘制 2 层砖结构的四点房；用 68、67、66 绘制不拟合的依比例围墙；用 76、77、78 绘制四点棚房。

在"交通设施"菜单中，用 86、87、88、89、90、91 绘制拟合的小路；用 103、104、105、106 绘制拟合的不依比例乡村路。

在"地貌土质"菜单中，用 54、55、56、57 绘制拟合的坎高为 1 米的陡坎；用 93、94、95、96 绘制制不拟合的坎高为 1 米的加固陡坎。

在"独立地物"菜单中，用 69、70、71、72、97、98 分别绘制路灯；用 73、74 绘制宣传橱窗；用 59 绘制不依比例肥气池。

在"水系设施"菜单中，用 79 绘制水井。

在"管线设施"菜单中，用 75、83、84、85 绘制地面上输电线。

在"植被园林"菜单中，用 99、100、101、102 分别绘制果树独立树；用 58、80、

81、82绘制菜地（第82号点之后仍要求输入点号时直接回车），要求边界不拟合，并且保留边界。

在"控制点"菜单中，用1、2、4分别生成埋石图根点，在提问点名.等级：时分别输入D121、D123、D135。

（4）等高线绘制

因篇幅有限，等高线绘制直接参考《CASS9.0用户手册》。

（5）图面清理及绘图效果

最后选取"编辑"菜单下的"删除"二级菜单下的"删除实体所在图层"，鼠标符号变成了一个小方框，用左键点取任何一个点号的数字注记，所展点的注记将被删除。

3. 加图框

首先点击"文件→CASS参数配置"菜单，在弹出的参数设置对话框的"图框设置"栏中，输入相应测量单位、成图日期、坐标系等相关图框信息（图2-17-5）。

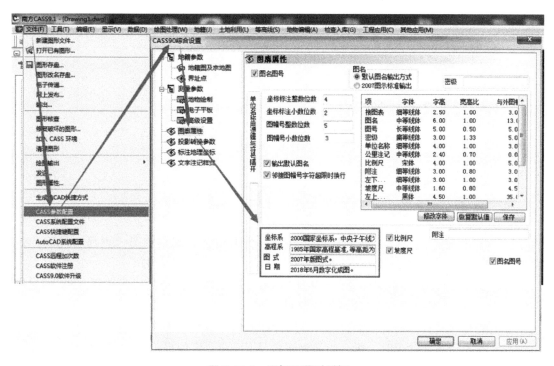

图2-17-5 图框设置对话框

用鼠标左键点击"绘图处理"菜单下的"标准图幅（50×40）"。在"图名"栏里，输入"建设新村"；在"左下角坐标"的"东"、"北"栏内分别输入"53070"、"31050"（也可以鼠标直接选取左下角坐标）；在"删除图框外实体"栏前打勾，然后按确认。CASS软件将自动绘制图框（图2-17-6）。

### 四、技术要求

（1）图上内容取舍合理，主要地物不得漏画。

（2）符号和注记不得用错。

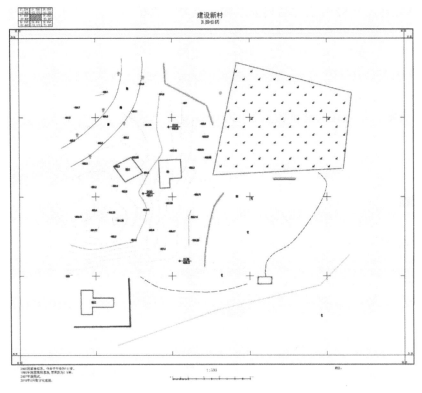

图 2-17-6　加图框

（3）地形图整饰应符合规范。

## 五、注意事项

（1）CASS 软件能接收的测量数据文件后缀为 DAT，数据格式是"点号，代码，Y，X，H"，比如："1，GQ，470000，4254000，500"，可用记事本打开。

（2）文本文件的.TXT 文件可以导入 EXCEL 进行编辑，保存的时候选择.CSV 的过度文件格式，再将后缀改为 DAT 即可生成测量文件。

（3）在操作过程中需要不断存盘，以防操作不慎导致数据丢失。

（4）在执行各项命令时，每一步都要注意看下面命令区的提示。

## 六、实习上交成果

（1）实验报告。

（2）数字地形图。

## 七、思考题

（1）什么是地物？地物分成哪两大类？什么是比例尺符号、非比例尺符号和注记符号？在什么情况下应用？

（2）1∶1000 与 1∶2000 地形图的比例尺精度各为多少？要求图上表示 0.5m 大小的物体，测图比例尺至少要选择多大？

# 实验十八　土方量测量与计算

## 一、实验目的

（1）了解土方量计算的基本原理及几种土方量计算方法的区别。

（2）通过实地测量和土方量的计算，掌握 CASS 土方量的计算方法。

## 二、实验仪器

（1）每组 1 套 GPS 接收机（包括 GPS 主机 1 个、对中杆 1 根、基座 1 个、钢卷尺 1 个、配套的接收机手簿 1 个）。

（2）全站仪 1 台、三脚架 1 个、棱镜 1 个、棱镜杆 1 根。

## 三、实验方法及步骤

通过选取校内某一片高低不平的地块，借助 GPS 和全站仪实地测量地块边界及高程，然后借助 CASS 软件进行内业土方量计算。

### 1. 土方量计算地块边界及高程测量

根据给定的已知控制点坐标，利用 GPS 测量土方量计算地块边界以及地块内的高程，GPS 信号不佳的时候可以采用全站仪补充高程测量。

测量结束，将 GPS 和全站仪测量数据导出为 CASS 可以识别的 DAT 数据文件。

### 2. CASS 计算土方量

CASS "工程应用" 菜单下提供了 DTM 法、断面法、方格网法及等高线法共 4 种土方量计算方法（图 2-18-1）。首先将外业测量的 DAT 文件的点号及高程展绘到 CASS 中，然后用复合线绘制土方量计算地块边界，然后根据各种方法提示计算土方量。

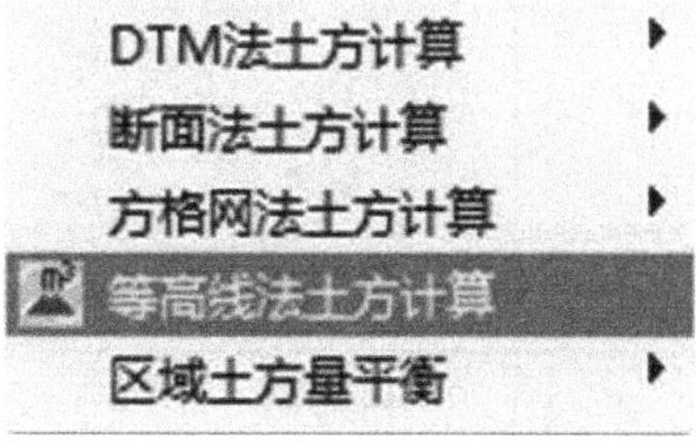

图 2-18-1　CASS 土方量计算方法

本实验以 DTM 法和方格网法为例，讲解土方量计算方法。

（1）DTM 法土方量计算

点击 CASS "工程应用" → "DTM 法土方计算" 命令，可以利用 DTM 法计算土方量，该方法提供高程 DAT 文件、图上高程点或图上三角网三种高程点选取方法。选好高程点选取方法后，根据提示选择土方量计算边界，在弹出的 DTM 土方计算参数设置对话框（图 2-18-2）中输入平场标高和边界采样间隔等，系统自动生成三角网法土方量计算表格，包含平场面积、最大高程、最小高程、平场标高、填方量、挖方量和图形（图 2-18-3）。

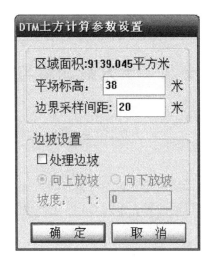

图 2-18-2　DTM 土方计算参数设置

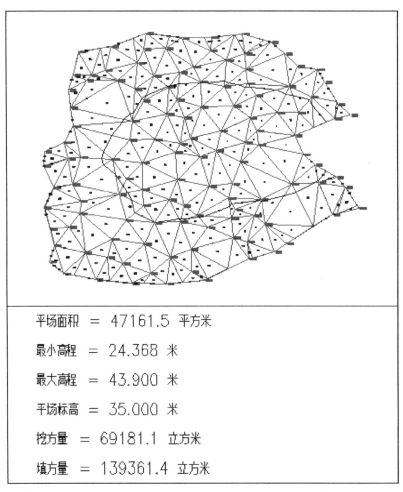

平场面积　=　47161.5　平方米

最小高程　=　24.368　米

最大高程　=　43.900　米

平场标高　=　35.000　米

挖方量　=　69181.1　立方米

填方量　=　139361.4　立方米

计算日期：　　　　　　　　　　　　　　　　　　　　　　计算人：

图 2-18-3　三角网法土方量计算表

（2）方格网法土方量计算

点击 CASS "工程应用" → "方格网法土方计算" 命令，利用方格网法计算土方量。在选择土方量计算边界之后，在弹出的方格网土方计算参数对话框（图 2-18-4）中所需的高程点坐标数据文件、设计面（平面则输入目标高程）、方格宽度等信息，系统自动生成三角网法土方量计算图（图 2-18-5）。

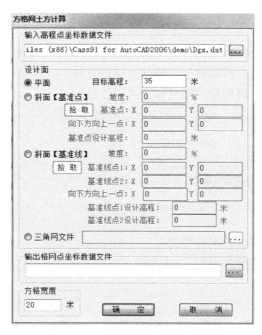

图 2-18-4　方格网土方计算对话框

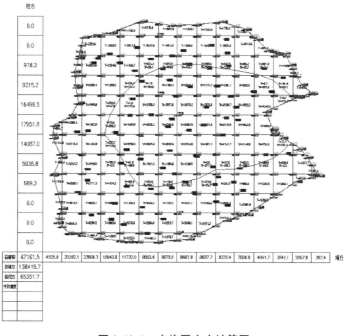

图 2-18-5　方格网土方计算图

## 四、技术要求

（1）高程注记点相对于临近图根点的高程中误差小于测图比例尺基本等高距的 1/3（0.15m）。

（2）外业测量高程点必须保持一定的密度，越是复杂的地形，测量的高程点要越多。

## 五、注意事项

（1）GPS 有信号地方可以直接采用 GPS 测量，GPS 无信号地方必须采用全站仪补测。

（2）GPS 两点校正后，可用第三个已知点进行复核。

（3）全站仪定向后，可用第三个已知点进行复核。

## 六、实习上交成果

（1）实验报告。

（2）土方量计算表（表 2-18-1）。

## 七、思考题

（1）计算土方量的方法主要有哪些？

（2）如何确定填、挖分界线？

## 土方量计算表

表 2-18-1

日期：_____年___月_____日 天气：_____ 仪器编号：_____

观测者：_____ 草图员：_____ 立尺员：_____

1. 测区概况

测区位于_____;东临_____,西临_____,

南临_____,北临_____,测区原地形为_____。

2. 坐标系统

（1）平面坐标系统:_____坐标系,中央子午线为_____。

（2）高程基准:1985 国家高程基准或_____。

3. 已知控制点使用情况

4. 土方计算数据

土方计算方法:_____;

平场面积:_____,设计标高:_____;

挖方量:_____,填方量:_____。

5. 土方计算略图

# 实验十九　水平角测设

## 一、实验目的

（1）掌握水平角测设两种方法的观测、记录与计算。

（2）熟悉经纬仪或全站仪角度测设的操作方法。

## 二、实验仪器

光学经纬仪（或全站仪）1 台，标杆 2 根，标杆架 2 个，木桩（或铁钉）若干，锤子 1 把，钢尺 1 把。

## 三、实验方法及步骤

### 1. 一般方法

（1）场地上已知 O、A 两点，OB 为欲定的方向线，如图 2-19-1 所示。

（2）根据已知数据绘制测设略图。

（3）在 O 点安置好经纬仪，使用盘左位置瞄准 A 点，使水平度盘读数为 $0°00'00''$。

（4）转动照准部，使水平度盘读数为 $\beta$ 值，在此视线上按预定距离定出 B′点，打入木桩。

（5）使用盘右位置，以同样的方式定出 B″点，打入木桩。

（6）若 B′与 B″不重合，则 B 为 B′与 B″的中点。

### 2. 精确方法

（1）如图 2-19-2 所示，先用一般方法测设出 B′点。

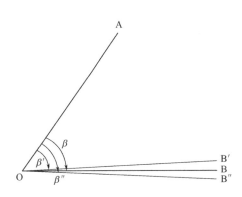

图 2-19-1　直接测设水平角

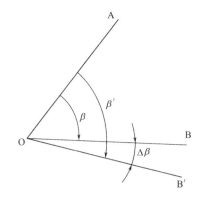

图 2-19-2　精确测设水平角

（2）用测回法对∠AOB′观测若干个测回（测回数根据要求的精度而定），求出各测回

平均值 $\beta'$，并计算出

$$\Delta\beta = \beta - \beta'$$

（3）测出 $OB'$ 的水平距离。

（4）由公式

$$BB' = OB'\tan\Delta\beta \approx OB'\frac{\Delta\beta}{\rho}$$

计算修正距离。

（5）自 $B'$ 点沿 $OB'$ 的垂直方向量出距离 $BB'$，定出 $B$ 点，则 $\angle AOB$ 就是要测设的角度。量取改正距离时，如 $\Delta\beta$ 为正，则沿 $OB'$ 的垂直方向向外量取；如 $\Delta\beta$ 为负，则沿 $OB'$ 的垂直方向向内量取。

## 四、技术要求

（1）严格按照观测程序作业，用盘左、盘右各测设一个点位，当两点间距不大时（一般在离测站 100m 时，不大于 1cm），取两者的平均位置作为结果。

（2）对中误差不大于 3mm，整平误差不大于 1 格。

（3）实地标定点位清晰，所测设水平角与设计水平角之差不大于 50″（即标定点离测站 20m 时，横向误差不大于 5mm）。

## 五、注意事项

测设已知水平角时，仪器对中整平后精确对准起始方向调 0°00′00″ 或稍大，再转动照准部应注意增加测设值附近，旋紧照准部制动旋钮，再调整照准部微动旋钮直至精确。

## 六、实习上交成果

（1）实验报告。

（2）角度测设记录表（表2-19-1）。

## 七、思考题

（1）试述水平角测设的基本方法。

（2）欲测设角度 $\angle AOB = 90°$，用一般方法测设后，用精确方法测得角度为 $90°00'30''$，又知 $OB$ 的长度 $= 100.00m$，问在垂直于 $OB$ 的方向上 $B$ 点应该移动多少距离？并画图标出 $B$ 点的移动方向。

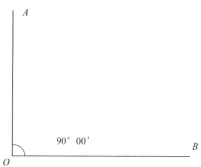

角度测设记录表 表 2-19-1

日期：_____年___月___日　天气：_____仪器编号：_____

观测者：_____　　记录者：_____

| 测站 | 目标 | 竖盘位置 | 水平度盘度数 | 半测回角值 | 一测回角值 | 备注 |
|------|------|----------|--------------|------------|------------|------|
| | | 左 | | | | |
| | | | | | | |
| | | 右 | | | | |
| | | | | | | |
| | | 左 | | | | |
| | | | | | | |
| | | 右 | | | | |
| | | | | | | |
| | | 左 | | | | |
| | | | | | | |
| | | 右 | | | | |
| | | | | | | |
| | | 左 | | | | |
| | | | | | | |
| | | 右 | | | | |
| | | | | | | |

结果：测设水平角与设计水平角之差为_____，精度_____要求。

# 实验二十　水平距离实验

## 一、实验目的

能根据已知水平距离完成测设工作。

## 二、实验仪器

（1）钢尺测距法：30m 钢尺 1 把，标杆 3 根，测针 5 根，垂球 2 个。

（2）测距仪法：测距仪 1 台，三脚架 1 个，对中杆 1 根，棱镜 1 个。

（3）数字水准仪法：数字水准仪 1 台，三脚架 1 个，水准尺 1 对。

（4）全站仪法：全站仪 1 台，三脚架 1 个，对中杆 1 根，棱镜 1 个。

## 三、实验方法及步骤

### 1. 钢尺水平距离测设

如图 2-20-1 所示，设 $A$ 为地面上已知点，$D$ 为设计的水平距离，要在地面上沿给定方向 $AB$ 测设水平距离 $D$。具体做法是从 $A$ 点开始，沿 $AB$ 方向边定线边丈量，按设定长度 $D$ 在地面上定出 $B'$ 点的位置。为便于检核，往、返丈量水平距离 $AB'$，在精度符合要求后，根据丈量结果 $D'$ 将 $B'$ 点进行调整，求得 $B$ 点的最后位置。调整改正时，先求改正数 $\Delta D = D - D'$，若 $\Delta D$ 为正，向外改正；反之，向内改正。

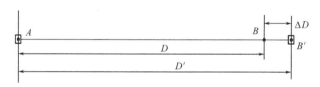

**图 2-20-1　钢尺水平距离测设**

在不平坦的区域可使用平量法：即抬起尺身使其水平，利用垂球定点读数并插上测针。距离过长可使用测针分段量取。

### 2. 测距仪水平距离测设

如图 2-20-2 所示，安置仪器于 $A$ 点，瞄准并锁定已知方向，沿此方向移动反光棱镜，使仪器显示值为所放样水平距离时，则在棱镜所在位置定出端点 $C'$。为了进一步提高放样精度，可用光电测距仪精确测定 $AC'$ 的水平距离，并与已知设计值比较，按照钢尺测设的一般方法确定改正值，改正到 $C$ 点。

### 3. 数字水准仪法

以南方 DL-2003A 数字水准仪为例，短暂按压【ON/OFF】开机后，按【SET OUT】进入开始放样测量界面。选择"视距放样"功能，之后输入需要测设的距离，距离测设结

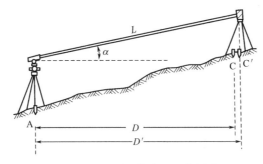

图 2-20-2　测距仪水平距离测设

果如图 2-20-3 所示。

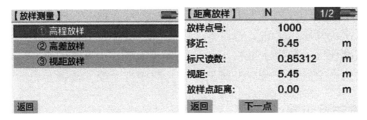

图 2-20-3　数字水准仪距离测设

### 4. 全站仪水平距离测设

以中海达 ZTS-121 全站仪为例，在中海达 ZTS-121 全站仪主机上按"DIST"键进入距离测量功能，按'F4'切换到距离测量第二个界面中，具有"距离放样"功能（图 2-20-4）。

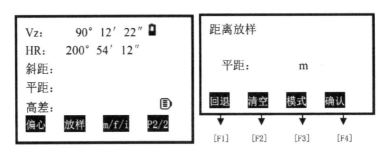

图 2-20-4　中海达 ZTS-121 全站仪距离测设

输入"平距"后，再按"确认"，即可进行距离放样。其中 dhd 表示所测平距与期望平距之差，如果为正，则表示所测平距比期望平距大，说明棱镜要向仪器移动。

## 四、技术要求

水平距离测量的相对误差不应超过 1/3000。

## 五、注意事项

（1）钢尺测距时，切勿摩擦绕折钢尺，损坏仪器；使用钢尺时必须看清零点位置，读数读至毫米位；丈量时钢尺要拉平，用力均匀；抬高钢尺时，要从侧面观察其是否水平；丈量时钢尺不宜全部拉出，因为尺的末端连接处在用力拉时很容易拉断，使钢尺损坏。

（2）采用水平距离放样法进行水平距离测设时，可以采用水平距离直接测量法进行检核。

## 六、实习上交成果

（1）实验报告。

（2）水平距离测设计算及校核表（表2-20-1）。

## 七、思考题

（1）水平距离测设有几种方法，各有什么特点？

（2）水平距离测设如何检核？

## 水平距离测设计表

表 2-20-1

日期：_____年___月___日　天气：_____仪器编号：_____

观测者：_____　　记录者：_____

### 1. 水平距离测设计算表

| 次数 | 测设距离 S | 精密丈量距离 S' | 改正值 |
|------|-----------|----------------|--------|
|      |           |                |        |
|      |           |                |        |
|      |           |                |        |
|      |           |                |        |

### 2. 水平距离测设校核

| 测线 | | 往测 | | 反测 | | 往—反 | 测设距离 | 相对精度 |
|------|------|------|------|------|------|--------|---------|
| 起点 | 终点 | 尺段数 | $D_1$ | 尺段数 | $D_2$ | | | |
|      |      | 尾数 |       | 尾数 |       | | | |
|      |      |      |       |      |       | | | |
|      |      |      |       |      |       | | | |
|      |      |      |       |      |       | | | |
|      |      |      |       |      |       | | | |
|      |      |      |       |      |       | | | |
|      |      |      |       |      |       | | | |
|      |      |      |       |      |       | | | |

# 实验二十一 高程测设

## 一、实验目的

利用水准仪将给定的设计高程测设到实地。

## 二、实验仪器

光学水准仪或数字水准仪一台，水准尺 1 把，榔头 1 把，桩 8 个，皮尺 1 把。

## 三、实验方法及步骤

### 1. 普通水准仪高程测设法

在建筑设计和施工中，为了计算方便，通常把建筑物的室内设计地坪高程用±0 标高表示，建筑物的基础、门窗等高程都是以±0 为依据进行测设。因此，首先要在施工现场利用测设已知高程的方法测设出室内地坪高程的位置。

如图 2-21-1 所示，已知高程点 A，其高程为 $H_A$ = 31.345，需要在 B 点标定出已知高程为 $H_{B设}$ = 31.495 的位置。

测设步骤：

（1）在 A 点和 B 点中间安置水准仪，尽量使前、后视距相等，精平后读取 A 点的标尺读数为 $a$ = 1.050。

（2）计算水准仪的视线高程为 $H_i = H_A + a$ = 31.345+1.050 = 32.395（m）

则由测设已知高程为 $H_B$ 的 B 点标尺读数应为：$b_{应} = H_i - H_{B设}$ = 32.395−31.495 = 0.900（m）

（3）将水准尺紧靠 B 点木桩的侧面上下移动，直到尺上读数为 b 时，沿尺底画一横线，此线即为设计高程 $H_B$ 的位置。测设时应始终保持水准管气泡居中。

（4）检核：将水准尺底部立在 B 点的设计标高处，观测 A、B 两点的高差，观测值与设计值之差要控制在限差之内。

### 2. 数字水准仪高程测设法

以南方 DL-2003A 数字水准仪为例，短暂按压【ON/OFF】开机后，按【SET OUT】进入开始放样测量界面（图 2-21-2）。

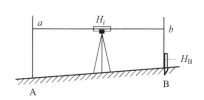

图 2-21-1 已知高程测设

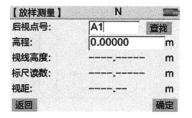

图 2-21-2 放样测量窗口

之后输入或查找后视点号。确认后仪器提供高程放样、高差放样两种高程测设模式（图 2-21-3）。选择其中一种放样模式之后，输入放样点号及高程。

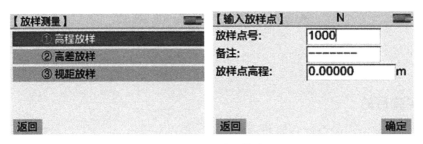

图 2-21-3　放样模式

按"确定"进行放样测量，仪器界面将显示计算值和差值。高程放样结果或高差放样结果如图 2-21-4 所示。

图 2-21-4　高程放样结果或高差放样结果

### 3. 高程传递测设法

当待测设点于已知水准点的高差较大时，则可以采用悬挂钢尺的方法进行测设。如图 2-21-5 所示，钢尺悬挂在支架上，零端向下并挂一重物，A 为已知高程为 $H_A$ 的水准点，B 为待测设高程为 $H_B$ 的点位。在地面和待测设点位附近安置水准仪，分别在标尺和钢尺上读数 $a_1$、$b_1$ 和 $a_2$。由于 $H_B = H_A + a - (b_1 - a_2) - b_2$，则可以计算出 B 点处标尺的读数 $b_2 = H_A + a - (b_1 - a_2) - H_B$。同样，图 2-21-6 所示情形也可以采用类似方法进行测设，即计算出前视读数 $b_2 = H_A + a + (a_2 - b_1) - H_B$，再划出已知高程位 $H_B$ 的标志线。

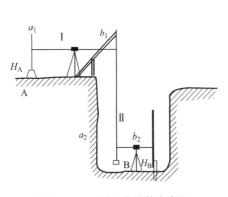

图 2-21-5　测设建筑基底高程

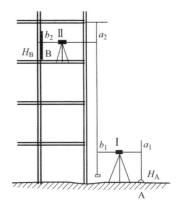

图 2-21-6　测设建筑楼层高程

### 四、技术要求

高程校核时，观测高差与设计高差不应超过 5mm。

### 五、注意事项

（1）高程测设时，每次读数前应使符合气泡严格符合。

（2）在测设各点桩顶高程时，当打入木桩接近设计标高时应放慢打一下。

（3）高程测设中观测点处的桩顶应尽量保持平整，减小误差。

### 六、实习上交成果

（1）实验报告。

（2）高程测设记录表（表 2-21-1）。

### 七、思考题

（1）已知 A 点高程为 2.00m，B 点高程未知，则仪器视线高程为 A 点高程加上（　　）。

①　A 尺读数；　　　　②　B 尺读数；　　　　③　AB 的高差

（2）水准测量法高差放样的设计高差 $h = -1.500$m，设站观测后视尺 $a = 0.657$m，高差放样的 $b$ 计算值为 2.157m。画出高差测设的图形。

（3）图中，B 点的设计高差 $h = 13.6$m（相对于 A 点），按图所示，按两个测站大高差放样，中间悬挂一把钢尺，$a_1 = 1.530$m，$b_1 = 0.380$m，$a_2 = 13.480$m。计算 $b_2 = ?$

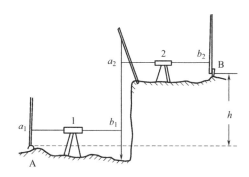

（4）假设某建筑物室内地坪的高程为 50.000m，附近有一水准点 BM.2，其高程 $H_2 = 49.680$m。现要求把该建筑物地坪高程测设到木桩 A 上。测量时，在水准点 BM.2 和木桩 A 间安置水准仪，在 BM.2 上立水准尺上，读得读数为 1.506m。求测设 A 桩的所需的数据和测设步骤。

高程测设记录表                                      表 2-21-1

日期：_____年___月___日  天气：_____仪器编号：_____
观测者：_____     记录者：_____

| 水准点号 | 水准点高程（m） | 后视读数（m） | 视线高程（m） | 测设点号 | 设计高程（m） | 前视应读数（m） | 测设高程（m） | 高程差值（m） |
|---|---|---|---|---|---|---|---|---|
| ① | ② | ③ | ④=②+③ | ⑤ | ⑥ | ⑦=④-⑥ | ⑧ | ⑨=⑧-⑥ |
| | | | | | | | | |
| | | | | | | | | |
| | | | | | | | | |
| | | | | | | | | |
| | | | | | | | | |
| | | | | | | | | |
| | | | | | | | | |
| | | | | | | | | |
| | | | | | | | | |
| | | | | | | | | |
| | | | | | | | | |
| | | | | | | | | |
| | | | | | | | | |
| | | | | | | | | |
| | | | | | | | | |
| | | | | | | | | |
| | | | | | | | | |

# 实验二十二　建筑物平面位置测设

## 一、实验目的

（1）掌握直角坐标法或极坐标法测设的方法。

（2）能利用经纬仪或全站仪对建筑物平面位置进行测设。

## 二、实验仪器

（1）经纬仪法：DJ6 光学经纬仪或 DJ2 光学经纬仪 1 台（含三脚架），30m 钢尺一把，标杆 1 根，榔头 1 把，木桩和小钉各 6 个，计算器 1 个。

（2）全站仪法：全站仪 1 台，三脚架 1 个，对中杆 1 根、棱镜 1 个，榔头 1 把，木桩和小钉各 6 个。

## 三、实验方法及步骤

### 1. 直角坐标法平面位置测设

直角坐标法是建立在直角坐标原理基础上测设点位的一种方法。当建筑场地已建立有相互垂直的主轴线或建筑方格网时，一般采用此法。

如图 2-22-1 所示，A、B、C、D 为建筑方格网或建筑基线控制点，1、2、3、4 点为待测设建筑物轴线的交点，建筑方格网或建筑基线分别平行或垂直待测设建筑物的轴线。根据控制点的坐标和待测设点的坐标可以计算出两者之间的坐标增量。下面以测设1、2 点为例，说明测设方法。

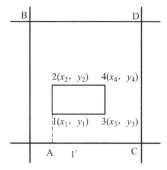

图 2-22-1　直角坐标法测设点位

（1）计算测设数据

首先计算出 A 点与1、2 点之间的坐标增量，即

$$\Delta x_{A1} = x_1 - x_A, \quad \Delta y_{A1} = y_1 - y_A$$

（2）点位测设

测设1、2 点平面位置时，在 A 点安置经纬仪（或全站仪），照准 C 点，沿此视线方向从 A 沿 C 方向测设水平距离 $\Delta y_{A1}$ 定出 1′点。再安置经纬仪于 1′点，盘左照准 C 点（或 A 点），转 90°给出视线方向，沿此方向分别测设出水平距离 $\Delta x_{A1}$ 和 $\Delta x_{12}$ 定1、2 两点。同法以盘右位置定出再定出 1、2 两点，取 1、2 两点盘左和盘右的中点即为所求点位置。

采用同样的方法可以测设3、4 点的位置。

（3）点位精度检核

检查时，可以在已测设的点上架设经纬仪，检测各个角度是否符合设计要求，并丈量各条边长。

如果待测设点位的精度要求较高，可以利用精确方法测设水平距离和水平角。

**2. 极坐标法平面位置测设**

（1）控制点布设和设计数据

如图 2-22-2 所示，每个小组在实验场地上先选一点打下木桩，在桩顶钉上小钉作为 A 点，在选与 A 点相距 60m 的位置为 B，定出 B 点，打入木桩，钉上小钉。$D_{AB}$ 应往返丈量，丈量误差在 1/3000 内。

假设 A、B 两点坐标分别为：

$X_A = 1000.000$m   $Y_A = 1000.000$m

$X_B = 1000.000$m   $Y_B = 1060.000$m

设建筑物 EFMN 的 E、F 两点的设计坐标为：

$X_E = 1030.000$m   $Y_E = 1040.000$m

$X_F = 1035.000$m   $Y_F = 1080.000$m

建筑物宽度为 10m。

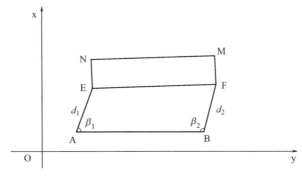

图 2-22-2

（2）测设数据的计算

用极坐标法测设时，则在 A 点测设 E，在 B 点测设 Q 的放样数据 $d_1$、$\beta_1$、$d_2$、$\beta_2$ 分别为

$$d_1 = \sqrt{(x_E - x_A)^2 + (y_E - y_A)^2}$$

$$\alpha_{AE} = \arctan \frac{y_E - y_A}{x_E - x_A}$$

$$\alpha_{AB} = \arctan \frac{y_B - y_A}{x_B - x_A}$$

$$\beta_1 = \alpha_{AB} - \alpha_{AE}$$

$$d_2 = \sqrt{(x_F - x_B)^2 + (y_F - y_B)^2}$$

$$\alpha_{BQ} = \arctan \frac{y_F - y_B}{x_F - x_B}$$

$$\alpha_{BA} = \arctan \frac{y_A - y_B}{x_A - x_B}$$

$$\beta_2 = \alpha_{BF} - \alpha_{BA}$$

校核数据 $D_{EF}=\sqrt{(x_F-x_E)^2+(y_F-y_E)^2}$

（3）点位测设

① E 点测设

在 A 点架设经纬仪或全站仪，盘左瞄准 B，将水平度盘读数设置为 $\beta_1$，逆时针转动照准部，当水平度盘读数为 0°00′00″时，固定照准部，在视线方向定出一点 E′，从 A 在 AE′方向上量取 $d_1$，打一木桩。再用盘左在木桩上测设 $\beta_1$ 角，得 E′点，同理用盘右测设 $\beta_1$ 角，得 E″点，取 E′E″的中点 $E_1$，在 $AE_1$ 方向上自 A 点量取 $d_1$，则得 E 点，钉上小钉。

② F 点测设

同理，在 B 点安置经纬仪或全站仪，自 A 点顺时针测设 $\beta_2$ 角，定出 BF 的方向线，在此方向上测设水平距离 $d_2$，得 F 点。

③ $D_{EF}$ 检核

同钢尺往返丈量 EF 距离，取平均值，该平均值应与根据设计数据所计算得的 $D_{EF}$ 相等。若相差在限差之内，则符合要求，若超限，则 E、F 点应重新测设。

④ N 点测设

将经纬仪或全站仪搬至 E 点，瞄准 Q 点，逆时针测设 90°，定出 EN 方向，在该方向上量取 10.000m，则得 N 点。

⑤ M 点测设

同理，将经纬仪或全站仪搬至 F 点，瞄准 E 点，顺时针测设 90°角，定出 FM 方向，在该方向上量取 10.000m，则的 M 点。

⑥ $D_{MN}$ 检核

丈量 MN 的距离，所量结果应与根据设计数据所算得的长度一致。

## 四、技术要求

（1）布设控制点时，往返测相对误差应小于 1/3000。

（2）平面坐标检验可以利用边长进行检核，要求丈量值与计算值的相对误差应小于 1/3000。

## 五、注意事项

（1）如利用实习场地上原有的已知点放样时，放样数据应在实验前先算好，并相互检核无误。

（2）放样过程中上一步检核合格后，才能进行下一步的操作。

## 六、实习上交成果

（1）实验报告。

（2）点位测设记录表（表 2-22-1）。

（3）点位测设检测记录表（表 2-22-2）。

## 七、思考题

（1）建筑物平面位置测设所需的数据是根据建筑物各部分特征点与控制点之间的关

系，算得_____、_____等数据，利用控制点在实地进行测设。

（2）如下图所示，设已知点 A 的坐标 $X_A = 50.00$m，$Y_A = 60.00$m，AB 的方位角 $\alpha_{AB} = 30°00'00''$，由设计图上查得 P 点的坐标 $X_P = 40.00$m，$Y_P = 100.00$m，求用极坐标法在 A 点用经纬仪测设 P 点的测设数据和测设的步骤。

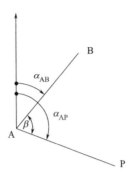

（3）如下图所示，在建筑物方格网种，拟定修建一房屋，该房的外墙角轴线与建筑方格网线平行，已知两相对房角的设计坐标和方格网坐标，现按直角坐标系法放样，试计算测设数据并说明测设步骤。

已知：$x_1 = 410.00$，$y_1 = 576.00$，$x_3 = 432.00$，$y_3 = 640.00$

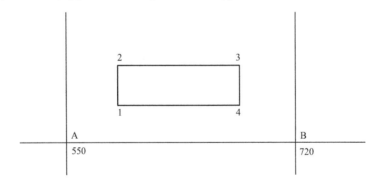

## 点位测设记录表

表 2-22-1

日期：_____年___月___日　天气：_____仪器编号：_____

观测者：_____　记录者：_____

| 边名 | 坐标值 | | | | 水平距离（m） | 方位角。′″ | 水平角。′″ |
|------|--------|--------|--------|--------|------|------|------|
| | $x_1$（m） | $y_1$（m） | $x_2$（m） | $y_2$（m） | | | |
| | | | | | | | |
| | | | | | | | |
| | | | | | | | |
| | | | | | | | |
| | | | | | | | |
| | | | | | | | |
| | | | | | | | |
| | | | | | | | |
| | | | | | | | |
| | | | | | | | |

## 点位测设检核记录表

表 2-22-2

| 边名 | 设计边长（m） | 丈量边长（m） | 相对误差 |
|------|--------------|--------------|----------|
| | | | |
| | | | |
| | | | |
| | | | |
| | | | |
| | | | |

# 实验二十三　全站仪平面位置测设

## 一、实验目的

能利用经纬仪进行建筑物平面位置测设。

## 二、实验仪器

全站仪 1 台，三脚架 1 个，对中杆 1 根，棱镜 1 个，榔头 1 把，木桩和小钉各 6 个。

## 三、实验方法及步骤

本实验以中纬 ZT20 全站仪为例，详细介绍如何在实地放样出预先定义的点位平面位置。在平面位置测设前，将待测设的点位平面坐标存放在仪器的作业中，或者测设时手动输入。

### 1. 全站仪平面位置测设方法介绍

中纬 ZT20 全站仪提供了极坐标法、正交法以及笛卡尔坐标法共 3 种方法进行平面位置测设。

（1）极坐标法平面位置测设

极坐标法平面位置测设如图 2-23-1 所示。

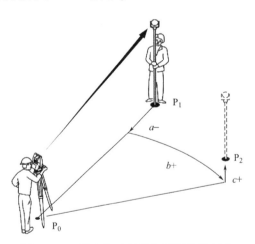

图 2-23-1　极坐标法平面位置测设原理图

其中，$P_0$：仪器测站；$P_1$：当前位置，$P_2$：待放样点；$a$：$dH_d$ 平距差；$b+$：$dH_Z$ 方向差；$c+$：$dH$ 高差。

（2）正交法平面位置测设

正交法平面位置测设如图 2-23-2 所示。

其中，$P_0$：仪器测站；$P_1$：当前位置；$P_2$：待放样点；d1-：d 纵向距离差；d2+：d

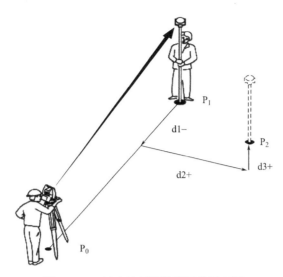

图 2-23-2  正交法平面位置测设原理图

横向距离差；d3+：d$H$ 高差

（3）笛卡尔坐标法平面位置测设

笛卡尔坐标法平面位置测设如图 2-23-3 所示。

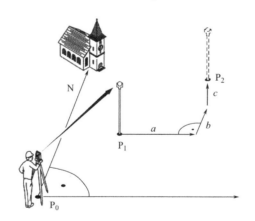

图 2-23-3  笛卡尔坐标法平面位置测设原理图

其中，$P_0$：仪器测站；$P_1$：当前位置；$P_2$：待放样点；$a$：d$Y$ 东坐标差；$b$：d$X$ 北坐标差；$c$：d$H$ 高差。

**2. 中纬 ZT20 全站仪平面位置测设**

（1）中纬 ZT20 进入放样程序

① 在常规测量界面，按 MENU/电源键进入主菜单。

② 按 F2［放样］，进入放样程序。

③ 完成应用程序准备设置。

④ 按 F4［开始］，进入放样程序（图 2-23-4）。

在放样程序界面中，按左右导航键，选择要放样的点号，同时屏幕会显示此点的 X、Y 坐标值。F1［镜高］：输入棱镜高度；F2［查找］：查找已保存的点数据；F3［坐标］：

输入待放样点的点号和坐标。

按 F4 ［开始］放样当前选中的点，屏幕切换待测设点计算信息界面如图 2-23-5 所示。

图 2-23-4　放样程序界面

图 2-23-5　待测设点计算信息界面

其中，HZ 为测站点至待放样点连线的方位角计算值，HD 为测站点至待放样点的水平距离计算值。

屏幕下方的三个软功能对应不同的放样方法，其中 F1 ［角度］：使用极坐标法放样，进入角度测量部分；F3 ［正交］：使用正交法放样；F4 ［坐标］：使用笛卡尔坐标法放样。

（2）极坐标法平面位置测设

在待放样点位置计算界面，按 F1 ［角度］，进入测量角度界面（图 2-23-6）。

此屏幕为平面位置测设角度测量的角度测量界面。HZ 为计算方位角，dHZ 为当前水平角与计算方位角的差值。转动照准部，当 dHZ 为 $0°00'00''$ 时，即表明放样方向正确。再按 F1 ［距离］键进入测量距离屏幕（图 2-23-7）。F4 ［下点］：放样下一点。

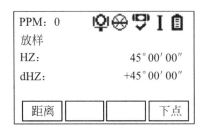

图 2-23-6　极坐标法平面位置
测设角度测量界面

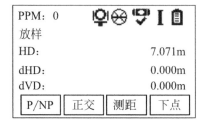

图 2-23-7　极坐标法平面位置
测设距离测量界面

其中，HD 为计算的水平距离，dHD 为测量点与待放样点的水平距离，dH 为测量点与待放样点的垂直距离。

F1 ［P/NP］：在棱镜和免棱镜之间切换；F2 ［正交］：使用正交法放样；F3 ［测距］：启动 EDM 开始测距。F4 ［下点］：放样下一点。

（3）正交法平面位置测设

在待测设点位置计算界面，按 F3 ［正交］，进入正交法平面位置测设界面（图 2-23-8）。

其中，d 纵向：视线方向的距离偏离值；d 横向：视线方向的正交方向的距离偏差值；dH：垂直方向的距离偏差值。

F1 ［P/NP］：在棱镜和免棱镜之间切换；F2 ［坐标］：使用笛卡尔坐标法放样；F3

[测距]：启动 EDM 开始测距。F4［下点］：放样下一点。

（4）笛卡尔坐标法平面位置测设

在待测设点位置计算界面，按 F4［坐标］，进入笛卡尔坐标法平面位置测设界面（图 2-23-9）。

图 2-23-8 正交法平面位置
测设距离测量界面

图 2-23-9 笛卡尔坐标法
平面位置测设界面

其中，dX：X（北）方向的距离偏离值；dY：Y（东）方向的距离偏差值；dZ：垂直方向的距离偏差值。

F1［P/NP］：在棱镜和免棱镜之间切换；F2［角度］：使用极坐标法放样；F3［测距］：启动 EDM 开始测距；F4［下点］：放样下一点。

## 四、技术要求

（1）全站仪定向对中误差在 3mm 以内，水准管气泡偏差<1 格。

（2）点位测设结束，必须复测点位，保证误差不超限。

## 五、注意事项

（1）全站仪建站后尽可能利用第三点检核。

（2）放样过程中上一步检核合格后，才能进行下一步的操作。

（3）极坐标法平面位置测设时，转动照准部，当 $dH_Z$ 接近 $0°00'00''$ 时，可锁住水平制动，使用水平微动调节水平角，使 $dH_Z$ 为 $0°00'00''$。其他方法也类似。

## 六、实习上交成果

（1）实验报告。

（2）点位测设检测记录表（表 2-23-1）。

## 七、思考题

（1）中纬 ZT20 全站仪提供了几种平面位置测设方法，各有什么特点？

（2）与经纬仪极坐标法平面位置测设相比，全站仪平面位置测设有什么优点？

点位平面测设检核记录表                                                        表 2-23-1

| 点名 | 设计坐标(m) | | 测量坐标(m) | | 误差(m) | | |
|------|------|------|------|------|------|------|------|
| | $X$ 坐标 | $Y$ 坐标 | $X$ 坐标 | $Y$ 坐标 | $X$ 坐标 | $Y$ 坐标 | 平距 |
| | | | | | | | |
| | | | | | | | |
| | | | | | | | |
| | | | | | | | |
| | | | | | | | |

# 实验二十四  GPS 平面位置及高程测设

## 一、实验目的

（1）掌握 GPS 接收机的安置方法。

（2）掌握 GPS 网络模式平面位置测设方法。

（3）掌握 GPS 网络模式高程测设方法。

## 二、实验仪器

思拓力 GPS 接收机 1 台、对中杆 1 个、配套的接收机手簿 1 个。

## 三、实验方法及步骤

本节以思拓力 GPS 为例，讲解 GPS 平面位置测设的方法，手簿软件为 SurPad4.0。

### 1. 新建项目

点击【项目】→【项目管理】→【新建】，可新建一个新的工程项目文件，新建工程项目界面如图 2-24-1 所示，输入项目名称等，点击【确定】，新建项目成功，会进入坐标系统参数界面，设置完毕，点击【确定】，新建项目成功返回【项目】主界面。

图 2-24-1  新建项目设置

### 2. 坐标系设置

点击【项目】→【坐标系统】，坐标系统参数设置界面如图 2-24-2 所示。

（1）椭球参数

如图 2-24-3 所示，可以设置目标参数，如北京 54、西安 80 等，也可以自定义椭球

图 2-24-2

参数。

（2）投影参数设置

如图 2-24-4 所示，中国国内常用的投影方式为高斯投影，连接仪器后，首先设置中央子午线，可点击右方自动获取或手动输入准确值。其他参数主要设置东加常数为 500000，投影比例尺为 1。

图 2-24-3　椭球参数设置

图 2-24-4　投影参数设置

七参数及四参数（水平平差参数）及高程拟合参数可先不输入，通过后面的转换参数计算来获取。

### 3. GPS 接收机设置

（1）手簿与 GPS 接收机连接设置

点击【仪器】→【通讯设置】，如图 2-24-5 所示。设置仪器类型，选择通信模式（常用的是蓝牙连接），点击【连接】，完成设备连接。

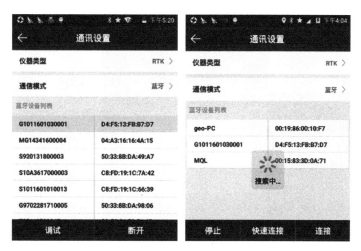

图 2-24-5

（2）移动站工作模式设置

点击【仪器】→【移动站模式】，如图 2-24-6 所示。移动站设置包含了高度截止角、是否记录原始数据，数据链和高级四个方面的设置内容。

图 2-24-6

（3）移动站数据链设置

点击【仪器】→【移动站模式】，之后可以进行数据链设置，数据链有无数据链、主机网络、内置电台、外置电台、手簿网络、中国精度（部分仪器具有的功能）6 种方式。

以手簿网络数据链设置为例，手机设置一个热点，让手簿连接到手机热点上，之后连接 CORS（如浙工大 CORS 为 ZGD-RTM3.0），输入 IP 地址、端口号、账号、密码等信息，接入源可以选择 CMR、TRCM3（不支持北斗信号）或 RTCM3.2（支持北斗信号）。

**4. 求转换参数**

（1）采集已知控制点 WGS84 坐标

点击【测量】→【点测量】，点击右侧的🌐，切换测量点类型为控制点，采集控制点会弹出如图 2-24-7 所示界面，点击【控制点】采集已知控制点的 WGS84 坐标。

图 2-24-7　控制点测量测量界面

（2）求转换参数

一般的，GPS 接收机输出的数据是 WGS-84 经纬度坐标，需要转化到施工测量坐标，这就需要软件进行坐标转换参数的计算和设置。

点击【工具】>【转换参数】，如图 2-24-8 所示。

点击【增加】，转换参数设置界面如图 2-24-9 所示。

图 2-24-8　转换参数界面　　　　图 2-24-9　转换参数设置界面

设置当前坐标系已知点，坐标输入方式有两种，一是从坐标库中选取；二是直接输入点名、北坐标、东坐标和高程的值。完成输入第一个当前坐标系的点坐标。

设置 WGS84 椭球原始坐标，坐标输入方式有三种，一是直接获取采集点；二是点击从坐标库中选取；三是直接输入点名、北坐标、东坐标和高程的值。完成输入第一个

WGS-84 原始椭球点坐标。

设置是否使用平面校正和高程校正后，点击【确定】添加完成第一组坐标。第二组坐标重复第一组坐标的操作，直到添加完所有参与参数计算的坐标为止。

在"转换参数设置"中，坐标转换方法：可选择平面改正+高程拟合，平面平差+垂直平差，七参数+平面改正+高程改正，七参数。具体根据需要进行坐标转换。

完成坐标组输入后，点击【计算】，参与计算的坐标点水平精度超限会变成红色，参数的计算结果如图 2-24-10 所示。点击【应用】，会刷新坐标点库里面的数据。计算结果是否准确可靠可通过测量已知点进行检查。

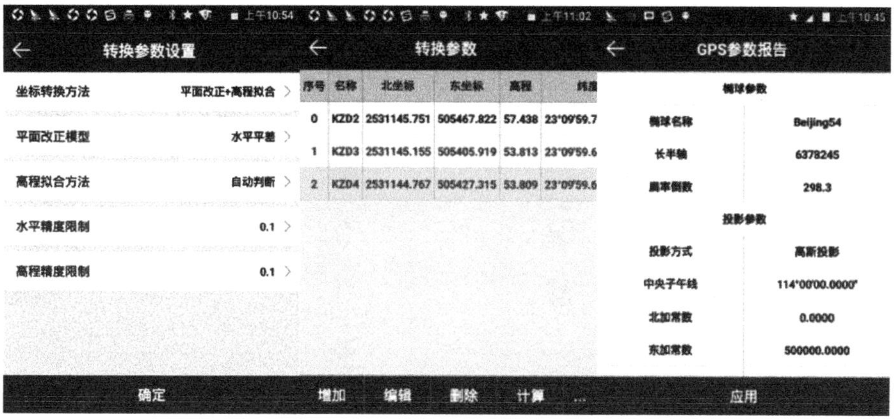

图 2-24-10　参数的计算结果

### 5. 点位测设

点击【测量】→【点放样】→【坐标点库】，选择一个点进行放样，进入点放样界面，如图 2-24-11 所示。

图 2-24-11　点放样界面

（1）选中坐标点库中的放样坐标点，点击【确定】进入放样界面，如图 2-24-12 所示。红旗为放样目标点，圆圈为当前点，箭头为方向指标，表示当前移动设备的方向。当箭头方向和当前点与目标点连线重合时，沿该方向前进，可以到达目标点。

（2）根据下状态栏提示从当前点移动至放样点的坐标处，同时会根据高程的差距提示进行挖土或者填土的高度（信息栏"挖"字表示对放样点的位置进行挖。数值为正数，进行挖方；反之，进行填方）。

（3）当前点在提示范围内时，就会出现如图 2-24-13 所示的环形提示圈进入精准放样。

图 2-24-12　点位测设界面 1　　　　　　　图 2-24-13　点位测设界面 2

（4）坐标点库中相邻放样点可以通过上下键（⇧、⇩）进行自动切换。

（5）到达该放样点位置后结束点放样，进行打桩。

## 四、技术要求

（1）为保证精度，应用分布均匀的 3 个已经点计算四参数。

（2）计算的参数（$X$ 平移、$Y$ 平移、旋转角度、尺度 $K$）四个值中要求 $K$ 值无限接近 1。

## 五、注意事项

（1）坐标点的输入后应该复查一遍，保证无误。

（2）采集时，务必使连接接收机的对中杆气泡居中。

## 六、实习上交成果

（1）实验报告。

（2）GPS 点位测设检核记录表（表 2-24-1）。

## 七、思考题

（1）与全站仪平面位置测设相比，GPS 平面位置测设有什么特点？

（2）与水准仪高程测设相比，GPS 高程测设有什么特点？

GPS 点位测设检核记录表

表 2-24-1

| 点名 | 设计坐标(m) | | | 测量坐标(m) | | | 误差(m) | | |
|---|---|---|---|---|---|---|---|---|---|
| | $X$ 坐标 | $Y$ 坐标 | $Z$ 坐标 | $X$ 坐标 | $Y$ 坐标 | $Z$ 坐标 | $X$ 坐标 | $Y$ 坐标 | $Z$ 坐标 |
| | | | | | | | | | |
| | | | | | | | | | |
| | | | | | | | | | |
| | | | | | | | | | |
| | | | | | | | | | |

# 实验二十五　基坑位移监测

## 一、实验目的

（1）掌握基坑顶水平位移监测的方法。

（2）掌握基坑顶竖向位移监测的方法。

（3）掌握基坑深层土体水平位移监测的方法。

（4）掌握基坑周边临近建筑竖向位移监测的方法。

## 二、实验仪器

（1）基坑水平位移检测仪器：0.5″全站仪（校内实习可放宽至1″）1套。

（2）基坑竖向位移监测仪器：电子水准仪1套（校内实习可放宽至自动安平水准仪），测微器1套，水准尺2把，尺垫2个。

（3）基坑深层土体水平位移监测仪器：测斜仪1台。

## 三、实验方法及步骤

### 1. 位移监测基准点和工作基点布设及监测

（1）位移监测基准点和工作基点的布设

监测基准点和工作基点包括水平位移监测基准点及工作基点和竖向位移监测基准点及工作基点，可以分开布设，也可以一起布设。

监测基准点应埋设在基坑开挖深度3倍范围以外不受施工影响的稳定区域，或利用已有稳定的施工控制点，不应埋设在低洼积水、湿陷、冻胀、胀缩等影响范围内，拟布设JZ1、JZ2、JZ3三个基准点和JZ4一个工作基点。埋设方法见图2-25-1。

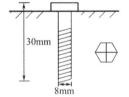

图2-25-1　位移监测基准点埋设

（2）位移监测网监测方法

水平位移监测网可采用GPS加精密导线测量方法测定各平面位移基准点和工作基点，将整个基坑平面监测坐标系统与地方坐标系统统一。基准点和工作基点的监测利用全站仪导线方式进行监测，建立平面控制网。平面控制网监测按《建筑变形测量规范》JGJ 8—2007二级变形测量要求进行。具体执行的各项规定和限差见表2-25-1。

水平位移监测技术要求　　　　　　　　　　　　　　　表2-25-1

| 等级 | 导线最弱点点位中误差（mm） | 导线总长（m） | 平均边长（m） | 测边中误差（mm） | 测角中误差（″） | 导线全长相对闭合差 |
|---|---|---|---|---|---|---|
| 二级 | ±4.2 | $1000C_1$ | 200 | $±2.0C_2$ | ±2.0 | 1/45000 |

注：$C_1$、$C_2$为导线类别系数。对独立单一导线，$C_1=1.2$，$C_2=2$。

竖向位移监测网高程系采用 1956 年黄海高程系，监测仪器使用电子水准仪。基准点监测采用《建筑变形测量规范》JGJ 8—2007 水准二级要求进行，采用闭合水准路线监测。其主要技术要求应符合表 2-25-2 的规定。

竖向位移监测技术要求　　　　　　　　　　　表 2-25-2

| 级别 | 监测点测站高差中误差（mm） | 两次测量高差之差（mm） | 往返较差、环线闭合差（mm） | 视线长度（m） | 前后视的距离较差（m） | 任一测站上前后视距差累积（m） | 视线高（m） |
|---|---|---|---|---|---|---|---|
| 二级 | 0.5 | 0.7 | $\leqslant 1.0\sqrt{n}$ | $\leqslant 50$ | $\leqslant 2.0$ | $\leqslant 3.0$ | $\geqslant 0.6$ |

注：表中 $n$ 为测站数。

（3）监测基准网的检测

对于水平位移监测网和竖向位移监测网，应根据实地情况及规范要求应进行定期检测。尤其是工作基点，在每次进行位移监测时必须利用基准点对工作点的稳定性进行检查。

**2. 基坑顶水平位移监测**

（1）水平位移监测点的布设

水平位移监测点可采用自制的直径 20mm 的不锈钢棒，长度为 250mm。一端顶部加工成半球形，并刻十字，且车制与棱镜对应的接头，使得棱镜在监测时直接可卡接在上面，达到强制对中的作用。埋设时在基坑坡顶挖坑，在坑内灌入水泥浆，然后将不锈钢棒插入坑内。

水平位移监测点编号以 W 开始，如 W1、W2…。

（2）水平位移监测方法

水平位移监测按《建筑变形测量规范》JGJ 8—2007 二级变形测量要求进行。采用全站仪进行，按极坐标法监测，计算坐标及其 2 次监测的坐标差确定其位移量。

极坐标法用于位移监测是比较简便且容易实现的方法，它利用了数学中的极坐标原理。如图 2-25-2 所示，它是以两已知点为参照方位，测定已知点 B 点到极点 P 的距离、测定已知点 B 与极点 P 连线和两个已知点 A、B 连线夹角来求得未知点 P 点坐标的方法。

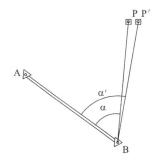

图 2-25-2　极坐标法水平
位移监测原理图

**3. 基坑顶竖向位移监测**

（1）竖向位移监测点布设

竖向位移监测点，可以单独布设，也可以与水平位移点同点位。

竖向位移监测点编号以 C 开始，如 C1、C2…。

（2）竖向位移监测方法

竖向位移监测使用电子水准仪进行监测。

竖向位移监测网按《建筑变形测量规范》JGJ 8—2007 中等级为二级的变形测量施测要求及精度进行，并做到每次监测同路线、同仪器、同人员。具体执行的各项规定和限差与"沉降基准网监测主要技术要求"相同。

竖向位移监测第一次采用往返监测，经严密平差求得各点高程作为第一次监测值，以后每次监测均采用单程闭合路线。

### 4. 基坑深层土体水平位移监测

（1）深层土体水平位移监测点布设

深层土体水平位移监测点应在基坑开挖 1 周前埋设测斜管。测斜管可采用钻孔法埋设在紧靠围护墙的土层中，且需穿过不稳定土层至下部稳定地层的垂直钻孔内。测斜管安装如图 2-25-3 所示。

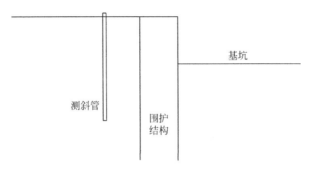

图 2-25-3　测斜管安装示意图

深层土体水平位移监测点编号以 CX 开始，如 CX1、CX2…。

（2）基坑深层土体水平位移监测方法

基坑深层土体水平位移监测采用测斜仪（图 2-25-4）进行测量。

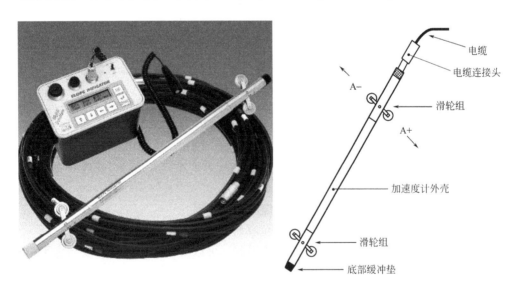

图 2-25-4　测斜仪

测斜仪探头有两组小滑轮，距离相隔 0.5m，将探头放到测斜管底部进行读数时，即开始了测斜管观测。具体观测时，注意：

① 待测斜管处于稳定状态后，测其初始值，一般初始值需测 3 次，将初次测量的位移数据作为基准点。

② 规定面对基坑方向倾斜为正方向值，背离基坑方向为负方向值，仪器读数值单位为 mm。

③ 每次测量时，将探头导轮对准与所测位移方向一致的槽口，缓缓放置管底，待探头与管内温度基本一致、显示仪器读数稳定后开始测量。

④ 测孔时，以孔底为基准点，从下往上每间距 0.5m 测一个点，正反方向各测一次，以消除测斜仪自身的误差。

### 5. 基坑周边临近建筑竖向位移监测

（1）竖向位移监测点布设

基坑周边临近建筑布设竖向位移监测点，以建筑物为单位进行编号，以 C 开头加建筑物英文序号编号及位移监测点数字序号编号，如 CA1、CA2…，CB1、CB2…，…。

（2）竖向位移监测方法

竖向位移监测使用电子水准仪进行监测。

竖向位移监测网按《建筑变形测量规范》GJ 8—2007 中等级为二级的变形测量施测要求及精度进行，并做到每次监测同路线、同仪器、同人员。具体执行的各项规定和限差与"沉降基准网监测主要技术要求"相同。

竖向位移监测第一次采用往返监测，经严密平差求得各点高程作为第一次监测值，以后每次监测均采用单程闭合路线。

### 6. 基坑监测频率及监测报警

（1）基坑监测频率

在每个建设项目受基坑开挖施工影响之前，必须测得各项目的初始值。本实习模拟实际工程，工程监测期限为土方开挖至地下工程完成并土方回填。现场仪器监测项目的监测频率如表 2-25-3 所示。

现场仪器监测的监测频率　　　　　　　　　　　　　　　　表 2-25-3

| 施工进程 | | 基坑顶水平位移监测 | 基坑顶竖向位移监测 | 基坑深层土体水平位移监测 | 基坑周边临近建筑竖向位移监测 |
| --- | --- | --- | --- | --- | --- |
| 开挖深度（m） | ≤3 | 1 次/2d | 1 次/2d | 1 次/2d | 1 次/4d |
| | 3~8 | 1 次/1d | 1 次/1d | 1 次/1d | 1 次/3d |
| 底板浇筑后时间（d） | ≤7 | 1 次/1d | 1 次/1d | 1 次/1d | 1 次/2d |
| | 7~14 | 1 次/2d | 1 次/2d | 1 次/2d | 1 次/3d |
| | 14~28 | 1 次/3d | 1 次/3d | 1 次/3d | 1 次/5d |
| | >28 | 1 次/5d | 1 次/5d | 1 次/5d | 1 次/7d |

具体监测频率可根据现场监测情况而调整，遇报警或其他特殊情况时，可加密监测。

（2）基坑监测报警

本实习模拟实际施工项目设置基坑监测报警值，本基坑工程监测项目报警值见表 2-25-4。当监测数据异常时，应分析其原因，必要时进行复测；当监测数据达到报警值时，在分析原因的同时，应预测其变化趋势，并加大监测频率，必要时跟踪监测。

基坑工程监测项目报警值 表 2-25-4

| 监测项目 | 日变化量（变化速率） | 累计变化值 |
|---|---|---|
| 基坑坑顶水平位移 | 5mm，且连续 3d | 50mm |
| 基坑坑顶水平位移 | 3mm，且连续 3d | 35mm |
| 基坑深层土体水平位移 | 3mm，且连续 3d | 35mm |
| 基坑周边临近建筑竖向位移 | 2mm | 30mm |

## 四、技术要求

（1）基准点需布设在监测对象影响范围以外。

（2）应当十分重视监测初读数的准确性。

（3）对各周期的监测数据应及时处理。

## 五、注意事项

（1）各期变形监测值应采用相同的测量方法、固定测量仪器、固定监测人员。

（2）监测应一气呵成，避免中断。

（3）测斜仪宜采用能连续进行多点测量的滑动式仪器。

## 六、实习上交成果

（1）实验报告。

（2）基坑位移监测点布置示意图（图 2-25-5）。

（3）基坑顶水平位移监测表（表 2-25-5）。

（4）基坑顶竖向位移监测表（表 2-25-6）。

（5）基坑深层土体水平位移监测成果表（表 2-25-7）。

（6）基坑周边临近建筑竖向位移成果表（表 2-25-8）。

## 七、思考题

（1）基坑水平位移监测的方法有哪些？各有什么优缺点？

（2）基坑监测布设基准点及工作点需要注意什么？

（3）测斜管的安装需要注意哪些问题？

日期：_____年_____月_____日　　　　　　　　　　　　　　　　　　绘图员：_____

北
↑

图 2-25-5　基坑位移监测点布置示意图

**基坑顶水平位移监测表**　　　　　　　　　　　　　　　　　　表 2-25-5

监测期数_____　日期___年___月___日　天气_____　仪器号码_____　监测者_____　记录者_____

| 点号 | 初始值 | | 上期监测值 | | 本期监测值 | | 本次水平位移量 | | | 累计水平位移量 | | | 变化速率 | | | 备注 |
|---|---|---|---|---|---|---|---|---|---|---|---|---|---|---|---|---|
| | $X$<br>(mm) | $Y$<br>(mm) | $X$<br>(mm) | $Y$<br>(mm) | $X$<br>(mm) | $Y$<br>(mm) | $\Delta X$<br>(mm) | $\Delta Y$<br>(mm) | $\Delta S$<br>(mm) | $\Delta X$<br>(mm) | $\Delta Y$<br>(mm) | $\Delta S$<br>(mm) | $\Delta X$<br>(mm) | $\Delta Y$<br>(mm) | $\Delta S$<br>(mm) | |
| | | | | | | | | | | | | | | | | |
| | | | | | | | | | | | | | | | | |
| | | | | | | | | | | | | | | | | |
| | | | | | | | | | | | | | | | | |
| | | | | | | | | | | | | | | | | |
| | | | | | | | | | | | | | | | | |
| | | | | | | | | | | | | | | | | |
| | | | | | | | | | | | | | | | | |
| | | | | | | | | | | | | | | | | |
| | | | | | | | | | | | | | | | | |
| | | | | | | | | | | | | | | | | |

**基坑顶竖向位移监测表**　　　　　　　　表 2-25-6

监测期数_____　　　日期____年____月____日　　　天气_____
仪器号码_____　　　监测者_____　　　记录者_____

| 点号 | 初始值（m） | 上期监测值（m） | 本期监测值（m） | 本次竖向位移量（mm） | 累计竖向位移量mm） | 变化速率（mm/d） | 备注 |
|---|---|---|---|---|---|---|---|
| | | | | | | | |
| | | | | | | | |
| | | | | | | | |
| | | | | | | | |
| | | | | | | | |
| | | | | | | | |
| | | | | | | | |

**基坑深层土体水平位移监测成果表**　　　　　　　　表 2-25-7

日期_____年_____月_____日　　　天气_____　　　监测者_____
仪器号码_____　　　　　　　　　　　　　　　　记录者_____

| 孔号 | 深度（m） | 初始值（m） | 上期监测值（m） | 本期监测值（m） | 本次位移增量（mm） | 累计位移增量（mm） | 变化速率（mm/d） | 备注 |
|---|---|---|---|---|---|---|---|---|
| | | | | | | | | |
| | | | | | | | | |
| | | | | | | | | |
| | | | | | | | | |
| | | | | | | | | |
| | | | | | | | | |
| | | | | | | | | |
| | | | | | | | | |

### 基坑周边临近建筑竖向位移成果表

表 2-25-8

日期_____年_____月_____日　　　　　　天气_____　　　　　　监测者_____

仪器号码_____　　　　　　　　　　　　　　　　　　　　　　　　记录者_____

| 孔号 | 深度（m） | 本次竖向位移增量（mm） | 累计竖向位移增量（mm） | 变化速率（mm/d） | 备注 |
|---|---|---|---|---|---|
|  |  |  |  |  |  |
|  |  |  |  |  |  |
|  |  |  |  |  |  |
|  |  |  |  |  |  |
|  |  |  |  |  |  |
|  |  |  |  |  |  |
|  |  |  |  |  |  |
|  |  |  |  |  |  |

# 第三部分　测量集中实习

## 一、实习目的

土木工程测量教学实习是土木工程测量学教学的重要组成部分，土木工程测量学教学实习的目的是巩固学生从课堂上所学的理论知识，获得测量实际工作的初步经验和基本技能，着重培养学生的独立工作能力，进一步熟练掌握测量仪器的操作技能，提高计算和绘图能力，并对测绘小区域大比例尺地形图的全过程有一个全面和系统的认识。

## 二、实习要求

（1）掌握经纬仪、水准仪、全站仪、GPS 的使用方法及常规检验方法。

（2）掌握角度、距离及高程的测定方法。

（3）掌握全站仪导线测量的施测步骤和计算方法。

（4）掌握四等水准测量的观测步骤和计算方法。

（5）掌握大比例尺地形图测绘的步骤和方法。

（6）每个学生必须参加各项工作的练习，培养学生仪器操作的技能和独立工作的能力，加强劳动观念、团队合作精神和爱护仪器的教育。

## 三、实习任务

### 1. 测量分组实习动员

在正式开始实习以前，要求学生划分测量实习小组，每组 5~6 人，分组要照顾学生间的相互搭配，综合考虑动手能力、理论知识、男女比例等，使各组的实力相当。设组长一人，实行组长负责制，负责全组的实习分工和仪器管理。

### 2. 实习任务及时间安排表

每个实习小组的任务要求、实习内容及大致时间安排如表 3-1 所示。

实习任务及时间安排表　　　　　　　　　　　　　　　　　　　　　表 3-1

| 实习内容 | | 参考时间安排 | 任务要求 |
|---|---|---|---|
| 布置任务、借领仪器、踏勘测区 | | 0.5d | 做好出测准备工作 |
| 控制测量 | 静态 GPS 联测 | 1d | 选择校内已知的 GPS 点进行静态联测 |
| | 导线测量 | 1.5d | 测区范围内布设一条包含 4 个点以上导线进行测量 |
| | 四等水准测量 | 1.5d | 施测 2~3km 四等水准 |
| 大比例尺地形图测绘 | 碎部测量 | 3d | 每组测绘 40cm×50cm 1:500 地形图一幅 |
| | 地形图绘制与检查 | 2.5d | |
| 建筑物放样、高程测设 | | 1d | 测设一建筑物 |

续表

| 实习内容 | 参考时间安排 | 任务要求 |
|---|---|---|
| 总结、考核、交还仪器 | 1d | 编写实习报告、考核、归还仪器 |
| 合计时间 | | 12d |

## 四、测量实习仪器和工具的准备

### 1. 测量实习仪器和工具的领取

在测量教学实习中，要做各种测量工作，不同的工作往往需要使用不同的仪器。各个小组要按照要求领取各种仪器。表 3-2 是仪器及用品列表，指导老师可以根据需要适当取舍。

仪器及用品列表 表 3-2

| 仪器及用具 | 数量 | 用途 | 备注 |
|---|---|---|---|
| 测区原有地形图 | 1 张 | 踏勘、选点、地形判读 | |
| 控制点资料 | 1 套 | 已知数据 | |
| 经纬仪及脚架 | 1 套 | 水平角测量 | |
| 水准仪及脚架 | 1 套 | 水准测量 | |
| 水准尺 | 2 根 | 水准测量 | |
| 尺垫 | 2 个 | 水准测量 | |
| 标杆 | 3 根 | 水平角测量及距离测量 | |
| 全站仪 | 1 套 | 数字化测图 | |
| 全站仪脚架 | 3 个 | 数字化测图 | |
| 全站仪棱镜 | 2 套 | 数字化测图 | |
| 对中杆 | 1 根 | 数字化测图 | |
| 2m 钢卷尺 | 2 个 | 量距离 | |
| 锤子 | 1 把 | 钉桩 | |
| 厘米纸 | 1 张 | 计算 | |
| 水泥桩 | 若干 | 控制 | |
| 铁丝 | 若干 | 固定标志 | |
| 木桩、小钉 | 各组约 10 个 | 图根点的标志 | |
| 红油漆 | 0.1L | 标志点位 | |
| 毛笔 | 1 支 | 画标志 | |
| 记号笔 | 1 支 | 画标志 | |
| 测伞 | 1 把 | 保护仪器 | |
| 科学计算器 | 1 个 | 计算 | |
| 导线观测手簿 | 3~4 本 | 记录 | |
| 四等水准观测手簿 | 3~4 本 | 记录 | |
| 三角高程观测手簿 | 1~2 本 | 记录 | |

| 仪器及用具 | 数量 | 用途 | 备注 |
|---|---|---|---|
| 记录、计算用品 | 1套/人 | 记录及计算 | |
| 各种计算表格（导线、水准、成果表、交会） | 1套/人 | 计算 | |
| 记录用品 | 1套/人 | 记录及计算 | |
| 防暑和生活用品 | 自备 | | |

**2. 测量仪器检验与校正**

借并领仪器后，首先应认真对照清单仔细清点仪器和工具的数量，核对编号，发现问题及时提出解决，然后对仪器进行检查。

（1）仪器的一般性检查

① 仪器检查

仪器应表面无碰伤，盖板及部件结合整齐，密封性好，仪器与三脚架连接稳固无松动。

仪器转动灵活，制、微动螺旋工作良好。

水准器状态良好。

望远镜对光清晰、目镜调焦螺旋使用正常。

读数窗成像清晰。

全站仪等电子仪器除上述检查外，还需检查操作键盘的按键功能是否正常、反应是否灵敏；信号及信息显示是否清晰、完整，功能是否正常。

② 三脚架和水准尺检查

三脚架是否伸缩灵活自如，脚架紧固螺旋功能是否正常，水准尺尺身是否平直，水准尺尺面分划是否清晰。

③ 棱镜检查

棱镜镜面完整无裂痕，反射棱镜与安装设备是否配套。

（2）仪器的检验与校正

① 水准仪的检验与校正

机械、外观检查。

圆水准器的检查：气泡不偏离出分划圈。

视准轴的检查：两次高差之差小于±3mm 或 $i \leqslant 20''$。

补偿器的检查：看是否失灵。

② 经纬仪的检查与校正

机械、外观检查。

照准部水准管的检查：偏差不超过一格。

视准轴的检查：$2c$ 不超过 $60''$。

横轴的检验：$i$ 角不超过 $20''$。

竖盘指标差的检验：指标差 $x$ 不超过 $60''$。

③ 全站仪的检验与校正

机械、外观检查。

照准部水准管的检验：偏差不超过 1 格。

视准轴的检验：一般视准误差 $c$ 不超过 $\pm10''$。

横轴的检验：$i$ 角不超过 $\pm15''$。

竖盘指标差的检验：指标差 $x$ 不超过 $\pm30''$。

## 五、控制测量

要求整个实习队在测区范围内布设基本控制测量网，在此基础上分实习小组布设小组测区范围内的图根控制测量网。

### 1. 基本控制测量

（1）基本平面控制测量

基本平面控制测量可以优先采用 GPS 静态测量方式进行测量，一、二级基本平面控制测量也可以采用导线测量方法施测。

① 已有平面控制网的利用

基本平面控制测量也可以直接利用已有的国家二、三、四等控制点点和国家 B、C、D、E 级 GPS 点作为地籍首级平面控制网点。利用已有控制点成果前应进行检查和分析。在投影面上，相邻控制点的水平间距与原有坐标反算边长的相对误差不超过表 3-3 的规定。

| 等级 | 相邻控制点的水平间距与原有坐标反算边长的相对误差小于成等于 |
|------|------|
| 二等、C 级 | 1/120000 |
| 三等、D 级 | 1/80000 |
| 四等、E 级 | 1/45000 |
| 一级 | 1/14000 |
| 二级 | 1/10000 |

已有相邻控制点间距检查的规定　　　　表 3-3

② 基本平面控制网的加密

根据调查区域已有首级平面控制网点的情况，可采用静态、快速静态全球定位系统方法加密二级以上的基本平面控制网点。也可采用光电测距导线等方法加密一、二级地籍平面控制网点。加密时各等级平面控制网点时，应联测 3 个以上高等级平面控制网点。

平面控制网的基本精度应符合下面规定：

1）四等网或 E 级网中最弱边相对中误差不得超过 1/45000。

2）四等网或 E 级以下网最弱点相对于起算点的点位中误差不得超过 $\pm5cm$。

如果是采用 GPS 静态测量，则可以借助静态测量 GPS 所配套的静态数据处理软件，将 GPS 静态观测数据文件导入到静态数据处理软件，然后进行 GPS 基线向量解算和 GPS 网平差，最后得出控制网成果，并导出静态控制网解算报告。

如果是采用导线方式测量，则首先绘出导线控制网的略图，并将点名、点号、已知点坐标、边长和角度观测值标在图上。在导线计算表中进行计算，计算角度闭合差及其限差，并且进行误差分配和精度评定。最后进行成果整理，填写控制点成果表。

（2）基本高程控制测量

基本高程控制测量一般采用普通水准测量的方法获得，山区或者丘陵地区可采用三角高程测量方法。根据高级水准点，沿各控制点进行水准测量，形成闭合或附合水准路线。基本高程控制网精度上基本要求为最弱点的高程中误差相对于起算点不大于±2cm。

实习区域的首级高程控制采用四等水准测量，各组图根高程可以采用等外水准测量或者三角高程。各项限差可以从教科书和规范中查阅。部分参考数据如下：

① 水准测量注意前后视距应尽量相等，视线长度不应超过100m，前后视距差不应超过5m，前后视距累计差不超过10m，各站所测两次高差互差应不超过6mm。

② 四等水准测量可采用双面尺法，等外水准测量可采用变动仪器高法进行观测。

③ 四等水准精度要求：整个环线的高差闭合差 $f \leqslant \pm 6\sqrt{n}$ 或 $\pm 20\sqrt{L}$（mm）。

④ 等外水准精度要求：高差闭合差 $f \leqslant \pm 12\sqrt{n}$ 或 $f \leqslant \pm 30\sqrt{L}$（mm）。

高程控制测量外业结束之后进行内业计算。在进行内业计算之前，应全面检查测量的外业记录，有无遗漏或记错，是否测量的限差和要求，发现问题应返工重新测量。

计算时，高差、高程、改正数、长度取至毫米。

先画出水准路线图，并将点号、起始高程值、观测高差、测段测站数（或测段长度）标在图上。在水准测量成果计算表中进行高程计算，计算位数取至毫米位。

填写已知数据及观测数据，计算高程闭合差及其限差，并进行精度评定，合格后进行高差改正，最后计算各点的高程。

**2. 图根控制测量**

图根点是直接供测图使用的平面和高程依据，宜在首级控制点下加密。

图根点的密度应根据测图比例尺和地形条件而定，传统测图方法在平坦开阔区图根点的密度不宜小于表3-4之规定。地形复杂、隐蔽以及城市建筑区，应以满足测图需要并结合具体情况加大密度。

平坦开阔地区图根点密度（点/km²）　　　　　　　　　　表3-4

| 测图比例尺 | 1∶500 | 1∶1000 | 1∶2000 |
|---|---|---|---|
| 图根点密度（点/km²） | 150 | 50 | 15 |

图根控制点应选在土质坚实、便于长期保存、便于仪器安置、通视良好、视野开阔、便于测角和测距、便于施测碎部测量的地方。要避免图根点选在道路中间。图根点选定后，应立即打桩并在桩顶钉一小钉或画"＋"作为标志；或用油漆在地面画"⊕"作为临时标志并编号。当测区内高级控制点稀少时，应适当埋设标石，埋石点应选在第一次附合的图根点上，并应能做到至少能与另一个埋石点相互通视。

（1）图根平面控制测量

图根平面控制点的布设，优先采用图根导线方法。局部地区可采用光电测距极坐标法和交会点等方法。

图根导线测量的技术要求应符合表3-5之规定。因地形限制图根导线无法附合时，可布设支导线。支导线不多于4条边，长度不超过450m，最大边长不超过160m。边长可单程观测一测回。水平角观测首站应连测两个已知两个方向，采用DJ6光学经纬仪观测一测回，其他站水平角应分别测左、右角各一测回，其固定角不符值与测站圆周角闭合差均不超过±40″（但是实习中为锻炼操作能力一般不布设支导线）。

**图根电磁波测距附合导线的技术要求**　　　表 3-5

| 比例尺 | 平均边长（m） | 导线全长（m） | 导线全长相对闭合差（m） | 方位角闭合差（″） | 水平角测回数（DJ6） | 测距 | |
|---|---|---|---|---|---|---|---|
| | | | | | | 仪器类型 | 方法与测回数 |
| 1∶500 | 80 | 900 | ≤1/4000 | ≤±40√n | 1 | Ⅱ级 | 单程观测数 1 |
| 1∶1000 | 150 | 1800 | | | | | |
| 1∶2000 | 250 | 3000 | | | | | |

当局部地区图根点密度不足时，可在等级控制点或一次附合图根点上，采用光电测距极坐标法布点加密，测量的技术要求应符合表 3-6 之规定。采用光电测距极坐标所测得图根点，不宜再行发展，且一幅图内用此法布设的点不得超过图根点总数的 30%。条件许可时，宜采用双极坐标测量，或适当检测各点的间距；当坐标、高程同时测定时，可变动棱镜高度两次测量，以作校核。两组坐标较差、坐标反算间距较差不应大于图上 0.2mm。

**光电测距极坐标法测量技术要求**　　　表 3-6

| 项目 | 仪器类型 | 方法 | 测回数 | 最大边长 | | | 固定角不符值 |
|---|---|---|---|---|---|---|---|
| | | | | 1∶500 | 1∶1000 | 1∶2000 | |
| 测距 | Ⅱ级 | 单程观测 | 1 | 200 | 400 | 800 | — |
| 测角 | DJ6 | 方向法，连测两个已知方向 | 1 | — | — | — | ≤±40″ |

注：1 边长不宜超过定向边长的 3 倍。

（2）图根点高程测量

图根点的高程，当基本等高距为 0.5m 时，应用图根水准、图根光电测距三角高程或 GPS 测量方法测定；当基本等高距大于 0.5m 时，可用图根经纬仪三角高程测定。

图根水准测量应起闭于高等级高程控制点上，可沿图根点布设为附合路线、闭合环或结点网。对起闭于一个水准点的闭合环，必须先行检测该点高程的准确性。高级点间附合路线或闭合环线长度不得大于 8km，结点间路线长度不得大于 6km，直线长度不得大于 4km。使用不低于 DS10 级的水准仪（$i$ 角应小于 30″），按中丝读数法单程观测（支线应往返观测），估读至毫米（mm）。水准测量技术要求应符合表 3-7、表 3-8 之规定。图根水准计算可简单配赋，高程应取至厘米（cm）。

**水准测量主要技术要求**　　　表 3-7

| 等级 | 每千米高差全中误差（mm） | 路线长度（km） | 水准仪的型号 | 水准尺 | 观测次数 | | 往返较差、附合或环线闭合差 | |
|---|---|---|---|---|---|---|---|---|
| | | | | | 与已知点联测 | 附合或环线 | 平地（mm） | 山地（mm） |
| 三等 | 6 | ≤50 | DS1 | 钢瓦尺 | 往返各一次 | 往一次 | 12√L | 4√n |
| | | | DS3 | 双面尺 | | 往返各一次 | | |

续表

| 等级 | 每千米高差全中误差（mm） | 路线长度（km） | 水准仪的型号 | 水准尺 | 观测次数 | | 往返较差、附合或环线闭合差 | |
|---|---|---|---|---|---|---|---|---|
| | | | | | 与已知点联测 | 附合或环线 | 平地（mm） | 山地（mm） |
| 四等 | 10 | ≤16 | DS3 | 双面尺 | 往返各一次 | 往一次 | $20\sqrt{L}$ | $6\sqrt{n}$ |
| 五等 | 15 | — | DS3 | 单面尺 | 往返各一次 | 往一次 | $30\sqrt{L}$ | |

注：$L$ 为附合路线或环线长度，$n$ 为测站数。

**水准测量测站限差** 表 3-8

| 等级 | 视线长度（m） | 前后视距差（m） | 前后视距累积差（m） | 黑红面读数差（mm） | 黑红面高差之差（mm） |
|---|---|---|---|---|---|
| 四等 | 80 | 5 | 10 | 3 | 5 |
| 等外 | 100 | 20 | 100 | 4 | 6 |

图根三角高程导线应起闭于高等级控制点上，其边数不应超过 12 条，边数超过规定时，应布设成结点网。图根三角高程导线垂直角应对向观测；光电测距极坐标法图根点垂直角可单向观测一测回，变换棱镜高度后再测一次；独立交会点亦可用不少于 3 个方向（对向为 2 个方向）单向观测的三角高程推求，其中测距要求同图根导线。图根三角高程测量的技术要求应符合表 3-9 之规定。

**电磁波测距高程导线的主要技术指标** 表 3-9

| 仪器类型 | 中丝法测回数 | | 指标差较差垂直角较差（"） | 对向观测高差、单程两次高差较差（m） | 各方向推算的高程较差（m） | 附合或环形闭合差 | |
|---|---|---|---|---|---|---|---|
| | 经纬仪三角高程测量 | 光电测距三角高程测量 | | | | 经纬仪三角高程测量 | 光电测距三角高程测量 |
| DJ6 | 1 | 单向 1 对向 2 | ≤25 | ≤0.4S | ≤0.2$H_c$ | ≤±0.1$H_c\sqrt{n_s}$ | ≤±40$\sqrt{D}$ |

注：1. $S$ 为边长（km），$H_c$ 为基本登高距（m），$n_s$ 为边数，$D$ 为矩形边长（km）。

2. 仪器高和目标高应准确量取至毫米（mm），高差较差或高程较差在限差时，取其中数。

3. 当边长大于 400m 时，应考虑地球曲率和折光差的影响。计算三角高程时，角度取至秒，高差应取至厘米（cm）。

## 六、碎部测量

控制测量和图根加密完成后，就可以进行碎部测量的工作。利用 GPS 或全站仪观测地物和地貌点的三维坐标，把坐标储存在 GPS 或全站仪里面，并且实地绘制详细的草图。在内业把数据导入到计算机里面，结合草图交互成图的作业方法。

**1. 外业数字化测量**

外业利用 GPS 或全站仪进行碎部测量，碎部测量时注意：

（1）地物地貌的测绘要完整，不能漏测。

（2）图根控制点相对于起算点的平面点位中误差不超过图上 0.1mm；高程中误差不得大于测图基本等高距的 1/10。

（3）测站点相对于邻近图根点的点位中误差，不得大于图上 0.3mm；高程中误差：平地不得大于 1/10 基本等高距，丘陵不得大于 1/10 基本等高距，山地、高山地不得大于 1/6 基本等高距。

（4）图上地物点相对于邻近图根点的点位中误差与邻近地物点间距中误差，应符合表 3-10 的规定。

**图上地物点点位中误差与间距中误差（单位：mm）**　　　表 3-10

| 地区分类 | 点位中误差 | 邻近地物点间距中误差 |
|---|---|---|
| 城市建筑区和平地、丘陵地 | ≤0.5 | ≤±0.4 |
| 山地、高山地和设站施测困难的旧街坊内部 | ≤0.75 | ≤±0.6 |

注：森林隐蔽等特殊困难地区，可按表中规定值放宽 50%。

（5）地形图高程精度规定：城市建筑区和基本等高距为 0.5m 的平坦地区，其高程注记点相对于邻近图根点的高程中误差不得大于 0.15m。其他地区地形图高程精度应以等高线插求点的高程中误差来衡量。等高线插求点相对于邻近图根点的高程中误差，应符合表 3-11 的规定。

**等高线插求点的高程中误差（单位：mm）**　　　表 3-11

| 地形类别 | 平地 | 丘陵地 | 山地 | 高山地 |
|---|---|---|---|---|
| 高程中误差（等高距） | ≤1/3 | ≤1/2 | ≤2/3 | ≤1 |

注：森林隐蔽等特殊困难地区，可按表中规定值放宽 50%。

（6）草图要认真绘制，尽量详细，并妥善保管以备用。

**2. 内业数字化成图**

借助南方 CASS 等数字化地形图成图软件进行内业成图。

**3. 地形图的检查**

为了提交合格成果，地形图绘制后还需要进行内业检查和外业检查。

① 内业检查。检查观测及绘图资料是否齐全；地物绘制是否正确；等高线勾绘有无问题。

② 外业检查。将图纸带到测区与实地进行对照检查，检查地物、地貌的取舍是否正确，有无遗漏，使用图式和注记是否正确，返现问题应及时纠正；在图纸上随机的选择一些测点，将仪器带到实地，实测检查，重点放到图边。检查中发现的错误和遗漏，应进行纠正和补漏。

## 七、建筑物测设

### 1. 测区内设计建筑物

图上设计在本组实测的地形图上自行设计一幢建筑物，并确定其设计坐标。建筑物为长 24m、宽 8m 的长方形建筑，并自行设计其高程。

### 2. 平面位置测设

（1）传统仪器测设法

① 测设数据计算根据建筑物与控制点之间的位置及现场地形情况，选定极坐标法、角度交会法、距离交会法或直角坐标法等测设方法，选定测设方法后，计算出放样数据。

② 现场测设根据控制点及所算得的放样数据采用测距仪、经纬仪进行现场测设，或采用全站仪边角测量法进行测设。

（2）平面坐标直接测设法

将控制点和待测设点坐标直接输入到全站仪、GPS 中，由全站仪或 GPS 计算相关测设数据，然后到现场进行测设。

（3）平面位置检核

点的平面位置测设后，应进行检核。

丈量检核边的边长，与设计值的相对误差应小于 1/3000。

### 3. 高程测设

根据建筑物附近已知水准点或测图控制点的高程，用水准仪、全站仪、GPS 等仪器测设出建筑物的设计高程。

## 八、实习总结

测量教学实习结束后，每位同学都应按要求编写实习总结报告，内容包括：

（1）封面：包括实习名称、学校、专业、班级、学号、姓名、组号、同组成员、指导教师、编写日期等。

（2）目录。

（3）前言：简述测量实习时间、地点、目的、任务等。

（4）实习内容：

① 测区概况。

② 已有资料利用情况，包括测区已有的资料、地面控制点情况及选点、埋石情况等。

③ 作业依据，包括施测技术依据及规范等。

④ 准备工作，包括施测仪器、设备类型、数量及检验结果，仪器准备及检校情况，施测组织、作业时间安排、作业方法技术要求及作业人员情况。

⑤ 控制测量，包括：ⓐ首级控制（平面控制、高程控制）；ⓑ图根控制（平面控制、高程控制）。具体内容包括：外业观测记录，观测数据检核的内容、方法，重测、补测情况，实测中发生或存在问题说明，图根控制网展点图，计算成果及示意图。

⑥ 碎部测量及成图，包括碎部测量内容及数字成图内容

⑦ 建筑物测设，包括测区内建筑物设计情况、测设数据解算及实际测设过程。

（5）总结与体会

包括：① 本人完成的工作及成果质量。

② 成果中存在的问题及需要说明的其他问题。

③ 测量教学实习中的心得体会。

④ 对测量教学实习实施的意见、建议。

## 九、上交成果

测量学实习完成后，需要上交实习成果。实习成果分小组成果和个人成果。

### 1. 小组成果

（1）技术设计书。

（2）仪器检校记录表。

（3）平面和高程控制测量外业观测记录、成果计算表。

（4）控制网略图。

（5）控制点成果表。

（6）外业观测记录，包括测量手簿、原始观测数据等。

（7）外业观测数据的处理及成果表。

（8）1：500 地形图。

（9）建筑物测设计算、测设过程记录表。

### 2. 个人成果

（1）测量学实习报告。

（2）实习日记。

（3）图根平面控制测量计算表。

（4）图根高程控制测量计算表。

## 十、实习纪律及注意事项

（1）必须充分认识实习的重要意义，严格按照实习要求，全面完成实习任务。

（2）树立安全第一的思想，自觉遵守安全规定。加强组织纪律性，听从指挥，遵守实习队的各项规章制度，事假一般不准，因事离队要向指导老师请假，一天以内经指导老师同意，一天以上须经队部批准。因病请假一天以上者需持医院证明，请假必须经老师同意。

（3）师生员工要相互尊重、理解、支持、团结友爱。严禁打架斗殴酗酒闹事等不良现象发生，违者按学院规定加重处罚。

（4）爱护测区植被，任意损坏者，除赔偿外，追究责任。尊重当地群众，爱护群众利益，不得采摘老乡的瓜果、茶叶等农作物，不得践踏庄稼，违者后果自负。

（5）实习期间，要特别注意测量仪器的安全，各组要指定专人妥善保管仪器、工具。每天出工和收工，都要按仪器清单清点仪器和工具数量，检查仪器和工具是否完好无损。发现问题要及时向指导老师报告。观测员必须始终守护在仪器旁边，注意过往行人、车辆，防止其将仪器碰倒。若发生仪器事故，要及时向指导老师报告，不得隐瞒不报，严禁私自拆卸仪器。遗失损坏者，按规定赔偿，并视情节上报学院处理。

（6）注意人身和仪器安全。不得穿拖鞋、赤脚或高跟鞋外出作业，不得在工作时间内嬉闹。严禁私自外出。

（7）听从教师指导，服从组长分配，各司其职，各负其责。组内、组外出现矛盾时，要协商解决，不得吵闹打架。

（8）实习期间，注意劳逸结合，生活讲究卫生，生病及时治疗，保证身体健康。

（9）严禁下水游泳，严禁在外宿夜等，一经发现，严肃处理。

# 测量实习成果

姓　　名：＿＿＿＿＿＿＿＿

班　　级：＿＿＿＿＿＿＿＿

学　　号：＿＿＿＿＿＿＿＿

组　　别：＿＿＿＿＿＿＿＿

组　　长：＿＿＿＿＿＿＿＿

组　　员：＿＿＿＿＿＿＿＿

　　　　　＿＿＿＿＿＿＿＿

专　　业：＿＿＿＿＿＿＿＿

指导教师：＿＿＿＿＿＿＿＿

＿＿＿＿年＿＿＿＿月＿＿＿＿日

## 控制点略图

北
↑

## 控制点成果表

日期：_____年_____月_____日　　　　　　　　　　　　填表人：_____

| 点名或点号 | 类别 | 等别 | 所在地 | 纵坐标 X（m） | 横坐标 Y（m） | 高程（m） |
|---|---|---|---|---|---|---|
|  |  |  |  |  |  |  |
|  |  |  |  |  |  |  |
|  |  |  |  |  |  |  |
|  |  |  |  |  |  |  |
|  |  |  |  |  |  |  |
|  |  |  |  |  |  |  |
|  |  |  |  |  |  |  |
|  |  |  |  |  |  |  |
|  |  |  |  |  |  |  |
|  |  |  |  |  |  |  |
|  |  |  |  |  |  |  |
|  |  |  |  |  |  |  |
|  |  |  |  |  |  |  |
|  |  |  |  |  |  |  |
|  |  |  |  |  |  |  |
|  |  |  |  |  |  |  |
|  |  |  |  |  |  |  |
|  |  |  |  |  |  |  |
|  |  |  |  |  |  |  |
|  |  |  |  |  |  |  |
|  |  |  |  |  |  |  |
|  |  |  |  |  |  |  |
|  |  |  |  |  |  |  |
|  |  |  |  |  |  |  |
|  |  |  |  |  |  |  |
|  |  |  |  |  |  |  |
|  |  |  |  |  |  |  |
|  |  |  |  |  |  |  |
|  |  |  |  |  |  |  |
|  |  |  |  |  |  |  |
|  |  |  |  |  |  |  |
|  |  |  |  |  |  |  |

## 闭合水准测量记录表　　　　表 A-1

施测路线自_____至_____观测者：_____　　　　记录者：_____

日期：____年____月____日　天气：_____　　仪器编号：_____

开始：____月____日　结束：____月____日　　成　像：_____

| 测站编号 | 后尺 | 下丝 | 前尺 | 下丝 | 方向及尺号 | 标尺读数 | | K+黑−红（mm） | 高差中数（m） |
|---|---|---|---|---|---|---|---|---|---|
| | | 上丝 | | 上丝 | | | | | |
| | 后距(m) | | 前距(m) | | | 黑面(m) | 红面(m) | | |
| | 视距差 $d$(m) | | $\sum d$(m) | | | | | | |
| | (1) | | (5) | | 后 | (3) | (8) | (10)=(3)+$K$−(8) | |
| | (2) | | (6) | | 前 | (4) | (7) | (9)=(4)+$K$−(7) | |
| | (12)=(1)−(2) | | (13)=(5)−(6) | | 后—前 | (16)=(3)−(4) | (17)=(8)−(7) | (11)=(10)−(9) | |
| | (14)=(12)−(13) | | | | | | | | |
| | | | | | 后 | | | | |
| | | | | | 前 | | | | |
| | | | | | 后—前 | | | | |
| | | | | | | | | | |
| | | | | | 后 | | | | |
| | | | | | 前 | | | | |
| | | | | | 后—前 | | | | |
| | | | | | | | | | |
| | | | | | 后 | | | | |
| | | | | | 前 | | | | |
| | | | | | 后—前 | | | | |
| | | | | | | | | | |
| | | | | | 后 | | | | |
| | | | | | 前 | | | | |
| | | | | | 后—前 | | | | |
| | | | | | | | | | |

| 测站编号 | 后尺 | 下丝 | 前尺 | 下丝 | 方向及尺号 | 标尺读数 | | K+黑−红（mm） | 高差中数（m） |
|---|---|---|---|---|---|---|---|---|---|
| | | 上丝 | | 上丝 | | | | | |
| | 后距(m) | | 前距(m) | | | 黑面(m) | 红面(m) | | |
| | 视距差 d(m) | | ∑d(m) | | | | | | |
| | | | | | | | | | |
| | | | | | | | | | |
| | | | | | | | | | |
| | | | | | | | | | |
| | | | | | 后 | | | | |
| | | | | | 前 | | | | |
| | | | | | 后—前 | | | | |
| | | | | | | | | | |
| | | | | | 后 | | | | |
| | | | | | 前 | | | | |
| | | | | | 后—前 | | | | |
| | | | | | | | | | |
| | | | | | 后 | | | | |
| | | | | | 前 | | | | |
| | | | | | 后—前 | | | | |
| | | | | | | | | | |
| 检核 | L(km)= ∑(15)+∑(16)=  　　　　　　　　水准路线闭合差= <br> 闭合差限差=±20√L（四等水准）或±40√L（图根水准）= <br> 是否超限: | | | | | | | | |

## 四等水准测量高差误差配赋表

表 A-2

计算者：＿＿＿＿＿＿＿＿　　日期：＿＿＿＿年＿＿＿＿月＿＿＿＿日　　天气：＿＿＿＿＿＿＿＿

| 点号 | 距离 | 平均高差（km） | 高差改正数（m） | 改正后高差（m） | 点之高程 |
|------|------|----------------|------------------|------------------|----------|
|      |      |                |                  |                  |          |
|      |      |                |                  |                  |          |
|      |      |                |                  |                  |          |
|      |      |                |                  |                  |          |
|      |      |                |                  |                  |          |
|      |      |                |                  |                  |          |
|      |      |                |                  |                  |          |
|      |      |                |                  |                  |          |
|      |      |                |                  |                  |          |
|      |      |                |                  |                  |          |
|      |      |                |                  |                  |          |

闭合差（mm）：　　允许闭合差（mm）＝ $\pm20\sqrt{L}$ （$L$ 往返路线以 km 为单位）

## 水平角观测记录表

表 A-3

日期：_____年_____月_____日　　　　天气：_____　　　　仪器编号：_____

观测者：_____　　　　记录者：_____

| 测站 | 测回 | 竖盘位置 | 目标 | 水平度盘读数 / ( ° ′ ″) | 半测回角值 / ( ° ′ ″) | 一测回角值 / ( ° ′ ″) | 各测回平均角值 / ( ° ′ ″) | 备注 |
|------|------|----------|------|------|------|------|------|------|
|  |  |  |  |  |  |  |  |  |
|  |  |  |  |  |  |  |  |  |
|  |  |  |  |  |  |  |  |  |
|  |  |  |  |  |  |  |  |  |
|  |  |  |  |  |  |  |  |  |
|  |  |  |  |  |  |  |  |  |
|  |  |  |  |  |  |  |  |  |
|  |  |  |  |  |  |  |  |  |
|  |  |  |  |  |  |  |  |  |
|  |  |  |  |  |  |  |  |  |
|  |  |  |  |  |  |  |  |  |
|  |  |  |  |  |  |  |  |  |

## 导线测量外业记录表

日期：_____年_____月_____日　　　　天气：_____　　　　仪器编号：_____

观测者：_____　　　　　记录者：_____

| 测站 | 盘位 | 目标 | 水平度盘读数 ° ′ ″ | 水平角 | | 距离 | 平距 |
|---|---|---|---|---|---|---|---|
| | | | | 半测回值 ° ′ ″ | 一测回值 ° ′ ″ | | |
| B | 左 | A | （1） | （5）=（2）-（1） | （7）=［（5）+（6）］/2 | （8） | （12）=［（8）+（11）］/2 |
| | | C | （2） | | | （9） | （13）=［（9）+（10）］/2 |
| | 右 | C | （3） | （6）=（4）-（3） | | （10） | |
| | | A | （4） | | | （11） | |
| | | | | | | | |
| | | | | | | | |
| | | | | | | | |
| | | | | | | | |
| | | | | | | | |
| | | | | | | | |
| | | | | | | | |
| | | | | | | | |
| | | | | | | | |
| | | | | | | | |
| | | | | | | | |
| | | | | | | | |
| | | | | | | | |
| | | | | | | | |
| | | | | | | | |
| | | | | | | | |
| | | | | | | | |
| | | | | | | | |
| | | | | | | | |

| 测站 | 盘位 | 目标 | 水平度盘读数 ° ′ ″ | 水平角 | | 距离 | 平距 |
|---|---|---|---|---|---|---|---|
| | | | | 半测回值 ° ′ ″ | 一测回值 ° ′ ″ | | |
| | | | | | | | |
| | | | | | | | |
| | | | | | | | |
| | | | | | | | |
| | | | | | | | |
| | | | | | | | |
| | | | | | | | |
| | | | | | | | |
| | | | | | | | |
| | | | | | | | |
| | | | | | | | |
| | | | | | | | |
| | | | | | | | |
| | | | | | | | |
| | | | | | | | |
| | | | | | | | |
| | | | | | | | |
| | | | | | | | |
| | | | | | | | |

导线坐标计算表 表 A-5

| 点号 | 观测角 /° ′ ″ | 改正数/″ | 改正后的角值 /° ′ ″ | 坐标方位角 /° ′ ″ | 边长 /m | 增量计算值 | | 改正后的增量值 | | 坐标 | |
|---|---|---|---|---|---|---|---|---|---|---|---|
| | | | | | | $\Delta x'/m$ | $\Delta y'/m$ | $\Delta x/m$ | $\Delta y/m$ | $x/m$ | $y/m$ |
| 1 | 2 | 3 | 4 | 5 | 6 | 7 | 8 | 9 | 10 | 11 | 12 |
| | | | | | | | | | | | |
| | | | | | | | | | | | |
| | | | | | | | | | | | |
| | | | | | | | | | | | |
| | | | | | | | | | | | |
| | | | | | | | | | | | |
| | | | | | | | | | | | |
| | | | | | | | | | | | |
| ′ | | | | | | | | | | | |
| Σ | | | | | | | | | | | |

| 辅助计算 | 角度限差计算 : $f_\beta =$ 　　　　　　 $f_{\beta容} = \pm 20''\sqrt{n}$（二级导线）（ $\pm 40''\sqrt{n}$ ）= <br> 导线全长相对计算 : $f_x =$ 　　　 $f_y =$ 　　　导线全长闭合差 $f = \sqrt{f_x^2 + f_y^2} =$ <br> 导线全长相对闭合差 $K = \dfrac{f}{\sum D} = \dfrac{}{}$ 　　　导线全长相对闭合差限差 $= \dfrac{1}{10000}$ 或 $\dfrac{1}{4000} =$ | 导线略图 |
|---|---|---|

164

日期：_____年_____月_____日　　　　　天气：_____　　　　　　全站仪编号：_____

观测者：_____　　　　　草图员：_____　　　　　立尺员：_____

测站点名：_____坐标：$x=$_____　$y=$_____　$H=$_____仪器高：$i=$_____

后视点名：_____坐标：$x=$_____　$y=$_____　$H=$_____镜高：$v=$_____

北
↑

说明：①请使用 2H 铅笔记录与绘图，草图定位应坐南朝北；②观测员每观测 10 个点应与绘图员对一次点号，③搬站时应更换表格；④ 表格不够可以复印！

**图1　全站仪草图法数字测图_____草图手簿**

日期：_____年_____月_____日　　　　天气：_____　　　　GPS 编号：_____
观测者：_____　　　　草图员：_____　　　　立尺员：_____

北
↑

说明：①请使用 2H 铅笔记录与绘图，草图定位应坐南朝北；②观测员每观测 10 个点应与绘图员对一次点号。

图 2　GPS 草图法数字测图____草图手簿

## 水平距离测设表                 表 A-6

日期：_____年_____月_____日          天气：_____          仪器编号：_____

观测者：_____          记录者：_____

### 1. 水平距离测设计算表

| 次数 | 测设距离 S | 精密丈量距离 S' | 改正值 |
|---|---|---|---|
|  |  |  |  |
|  |  |  |  |
|  |  |  |  |
|  |  |  |  |

### 2. 水平距离测设校核

| 测线 |  | 往测 |  | 反测 |  | 往-反 | 测设距离 | 相对精度 |
|---|---|---|---|---|---|---|---|---|
| 起点 | 终点 | 尺段数 | D1 | 尺段数 | D2 |  |  |  |
|  |  | 尾数 |  | 尾数 |  |  |  |  |
|  |  |  |  |  |  |  |  |  |
|  |  |  |  |  |  |  |  |  |
|  |  |  |  |  |  |  |  |  |
|  |  |  |  |  |  |  |  |  |
|  |  |  |  |  |  |  |  |  |

## 高程测设记录表                 表 A-7

日期：_____年_____月_____日          天气：_____          仪器编号：_____

观测者：_____          记录者：_____

| 水准点号 | 水准点高程（m） | 后视读数（m） | 视线高程（m） | 测设点号 | 设计高程（m） | 前视应读数（m） | 测设高程（m） | 高程差值（m） |
|---|---|---|---|---|---|---|---|---|
| ① | ② | ③ | ④＝②＋③ | ⑤ | ⑥ | ⑦＝④－⑥ | ⑧ | ⑨＝⑧－⑥ |
|  |  |  |  |  |  |  |  |  |
|  |  |  |  |  |  |  |  |  |
|  |  |  |  |  |  |  |  |  |
|  |  |  |  |  |  |  |  |  |
|  |  |  |  |  |  |  |  |  |
|  |  |  |  |  |  |  |  |  |

## 点位测设检核记录表                 表 A-8

| 点名 | 设计坐标(m) |  |  | 测量坐标(m) |  |  | 误差(m) |  |  |
|---|---|---|---|---|---|---|---|---|---|
|  | X 坐标 | Y 坐标 | Z 坐标 | X 坐标 | Y 坐标 | Z 坐标 | X 坐标 | Y 坐标 | Z 坐标 |
|  |  |  |  |  |  |  |  |  |  |
|  |  |  |  |  |  |  |  |  |  |
|  |  |  |  |  |  |  |  |  |  |
|  |  |  |  |  |  |  |  |  |  |
|  |  |  |  |  |  |  |  |  |  |

# 测量实习报告

姓　　名：＿＿＿＿＿＿＿＿＿＿

班　　级：＿＿＿＿＿＿＿＿＿＿

学　　号：＿＿＿＿＿＿＿＿＿＿

组　　别：＿＿＿＿＿＿＿＿＿＿

组　　长：＿＿＿＿＿＿＿＿＿＿

组　　员：＿＿＿＿＿＿＿＿＿＿

　　　　　＿＿＿＿＿＿＿＿＿＿

专　　业：＿＿＿＿＿＿＿＿＿＿

指导教师：＿＿＿＿＿＿＿＿＿＿

＿＿＿＿年＿＿＿＿月＿＿＿＿日

# 参 考 文 献

[1] 张豪主编.建筑工程测量.北京：中国建筑工业出版社，2012

[2] 陈丽华主编.测量学实验与实习.杭州：浙江大学出版社，2011

[3] 陈丽华主编.测量学.杭州：浙江大学出版社，2009

[4] 陈竹安主编.地籍测量学实习指导书.北京：地质出版社，2018

[5] 肖根如、许宝华、王真祥编著.GPS测量与数据处理实习指导书.武汉：中国地质出版社，2015

[6] 李晓莉主编.测量学实验与实习（第二版）.北京：测绘出版社，2013

[7] 王安怡主编.测量学精要与实验实习指导.南京：东南大学出版社，2015

[8] 城市测量规范 CJJ/T 8—2011.北京：中国建筑工业出版社，2011

[9] 建筑工程测量规范 GB 50026—2007.北京：中国建筑工业出版社，2007

[10] 国家三、四等水准仪测量规范 GB/T 12898—2009.北京：中国标准出版社，2009

[11] 工程测量规范 GB 50026—2007.北京：中国计划出版社，2008

[12] 覃辉，马德富，熊友谊编著.测量学.北京：中国建筑工业出版社，2007

[13] 国家基本比例尺地图 1∶500 1∶1000 1∶2000 地形图 GB/T 33176—2016.北京：中国标准出版社，2016

[14] 卫星定位城市测量技术规范 CJJ/T 73—2010.北京：中国建筑工业出版社，2010